正しく知る・賢く選ぶ

ENCYCLOPEDIA
OF BEAUTY INGREDIENTS

美容成分大全

岡部美代治

監修

ナツメ社

はじめに

　デパートのコスメ売り場だけでなくドラッグストアや雑貨店など、あらゆる場所で化粧品が手に入るようになり、かつてよりも化粧品はさらに身近な存在になりました。個人がSNSや動画配信サービスを使って発信する時代、美容に関する情報もあふれかえっています。次々と流れてくる情報を注意深く見ていると、新製品や肌悩みに応えるアイテムなど化粧品そのものの情報だけでなく、化粧品に含まれる「美容成分」に注目したものが多いことに気づかされます。

　そう、いまは化粧品を選ぶとき美容成分に注目するという人が増えているのです。本書では化粧品成分のうち、美容効果を与える成分の通称を「美容成分」と定義しました。それと同時に、「美容成分」についてもっと知りたい、詳しくなりたいという声も強くなっていることを感じます。

　私は天職として美容に携わって半世紀あまりになり、さまざまな化粧品が誕生するとともに新しい美容成分が華々しく登場する場面にも何度となく立ち会うことができました。かつては皮膚科学研究と化粧品開発に取り組んでいましたので、新しい美容成分が登場するたびに開発者の期待あふれる喜びと緊張感が入り交じったような気持ちを思い出すことがあります。

　だからこそ、昨今の「美容成分のことをもっと知りたい！」という声に対して「ちょっと待ってください」という気持ちになるのです。美容成分とは「これが入っているから効く」「これが入っている化粧品は肌によくない」という単純なものではありません。

美容成分はたとえていうなら映画やドラマに出演する俳優のようなもの。どんなに人気のあるスーパースターでも一人では何もできません。何をつくるかを決める監督がいて、共演のスターやバイプレイヤーがいて、そして全員が輝く台本があって初めて素晴らしい作品が出来上がります。

　　これは化粧品も同じこと。監督は開発担当者、俳優たちは美容成分、そして台本が化粧品の骨格を決める「処方」なのです。同じ俳優がそろっても台本が違えばコメディにもなるし正反対の悲劇にもなりますね。化粧品もそれと変わりありません。

　　美容成分を知ることは、美容への知識を深めることにつながりますし、肌をいとおしむ気持ちを高めることにつながります。ですから美容成分のことを知るのはとても大事なこと。でも、美容成分だけ知れば化粧品のすべてが理解できるものではないということは、ちょっと頭においてほしいのです。その上でよく使われる美容成分のことを知り、自分に合う気に入った化粧品を見つけ、理解を深め、使用してお手入れがもっと楽しくなってほしい、そんなふうに思っています。この本がみなさんの美容にとって道しるべになることを期待しています。

ビューティサイエンティスト
岡部 美代治

CONTENTS

Part3 美容成分② 効果を引き出す成分

第一線で活躍する成分はこれ！

美容成分格付け

化粧品に使われる美容成分は種類も多く覚えきれないほど。
その中でさまざまなアイテムに使われる個性豊かな美容成分をピックアップしました。

効果を実感しやすい鉄板

スーパースター成分

美容成分として
歴史のあるものから
新しいものまでが勢ぞろい。
効果効能が期待できる
主役級の成分！

● 昔からの主演級
ビタミンC類

● 肌酸化の救世主
トコフェロール類

● 最近登場したばかりのスーパースター
ナイアシンアミド

● 保湿力はトップクラス
ヒアルロン酸類

● 優しくて力強い保湿力
セラミド類

主役もサブ役も自由自在！

スター成分

期待に応えてくれる
実力派！
肌への優しさで人気の
ナチュラル成分もたくさん！

● アンチエイジングの切り札
コラーゲン類

● 美白への期待が高まる
コウジ酸

● 肝斑ケアで注目
トラネキサム酸

● ターンオーバーを促す
ビタミンA類

● 昔から美肌の味方
ハトムギ種子エキス

● 西洋では古くから美の象徴
バラエキス

10

ますます期待の新星たち
ホープ成分

効果効能・使い心地
でも大注目!
期待が高まる新成分!

- ●細胞を乾燥から守る実力派
  トレハロース
- ●別名CICAで有名
  ツボクサエキス
- ●豊富なポリフェノールで期待大
  チャ葉エキス
- ●バイオ技術で作られた美容成分
  ペプチド類
- ●高い保湿力で注目
  スイゼンジノリ多糖体

主役級を陰で支える
縁の下の力持ち
バイ
キャラクター
成分

主役を輝かせる
忘れてはならない
名脇役!

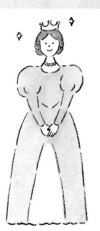

- ●保湿力をアップさせてくれる
  NMF成分（アミノ酸類など）
- ●とろみを与え肌を守る
  海藻エキス（カラギーナンなど）
- ●肌荒れケアの優秀パートナー
  グリチルリチン酸2K
- ●精油の希釈油としても大活躍
  ホホバ種子油
- ●古くからモロッコで愛される植物油
  アルガニアスピノサ核油
- ●化粧品、医薬品にも欠かせない保湿成分
  グリセリン

時代の徒花?
一発屋成分

華々しくデビューし、一世を風靡したもののい
つの間にか消えてしまった……。美容成分の
世界にもそうした「一発屋」が存在します。番
外編として紹介しましょう。

- ●韓国コスメで一躍有名に
  カタツムリエキス
- ●強烈なイメージで人気に
  ヘビ毒
- ●生体水に近い水……?
  パイウォーター

スーパースター成分

確かな効果と実績で絶大な信頼を得る頼もしい存在!

セレクト・コメント／岡部美代治

ビタミンC類

昔から美肌効果に定評があり、もはや美容成分の定番。シミ、シワ、くすみと効果は絶大。

詳しい紹介は80ページ

ドクターシーラボ
VC100エッセンス EX
ローション

さまざまなビタミンC誘導体を組み合わせて肌効果と使いやすさを実現。幅広い支持を得る。

オバジ
C25セラム NEO
ロート製薬

純粋なビタミンCを高濃度に配合することにこだわった美容液。濃度25%配合品（2023年現在）は頼もしい。

ドクターケイ
薬用Cクリアホワイトローション
医薬部外品

ビタミンCを主要な成分として配合し、他のビタミンなどを組み合わせた毛穴ケアに評判の化粧水。

トコフェロール類

脂溶性ビタミンの代表格。抗酸化や抗炎症に優れ、ニキビケアからエイジングケアまで活躍。

詳しい紹介は173ページ

ライスフォース
プレミアムパーフェクトクリーム
医薬部外品

アイム

医薬部外品の有効成分。ライスパワーNo.11とビタミンE酢酸エステルがダブル配合。α処方の確かさは使用後の肌が証明してくれる。

コラージュ
コラージュクリーム-ゴールドS
医薬部外品

持田ヘルスケア

ベースは強力な保湿クリーム、酢酸トコフェロールとグリチルレチン酸ステアリルのダブル有効成分を配合してエイジング肌に強力アプローチ。

ナイアシンアミド

シミ、シワ、肌荒れなど
さまざまなトラブルに対応でき、
エイジングケア成分としても大注目。

詳しい紹介は87ページ

アスタリフト
ザ セラム マルチチューン
医薬部外品
富士フイルム

美白とシワ改善のダブル効用
を期待してナイアシンアミド
を配合。肌への浸透をコント
ロールした独自のリポゾーム
技術とのマッチングが魅力。

オルビス
リンクルブライトセラム 医薬部外品

いくつもの効能を持つ医薬部外品の有
効成分ナイアシンアミドを配合。エイジ
ングケアに期待が高まる。

ヒアルロン酸類

保湿成分の代表格。
ダメージを起こしにくく、ハンドケアから
美容医療までマルチに使われる。

詳しい紹介は68ページ

肌ラボ
肌ラボ 極潤R
ヒアルロン液
ロート製薬

抜群のうるおい実感は長年
のヒアルロン酸研究と高い
処方技術の成果。プチプラ
スキンケアの王者。

SHISEIDO
ビオパフォーマンス スキンフィラー

ヒアルロン酸の分子サイズを縮小。夜と朝の
セラムが働き合って肌を整える。毎日のスキン
ケアがレベルアップすること間違いなし。

セラミド類

角層に存在する成分で
元来うるおいを保つ役割が。
刺激が少ないためデイリーケアに最適。

詳しい紹介は73ページ

キュレル
潤浸保湿 フェイスクリーム
医薬部外品
花王

セラミドの肌への働きに着目。セ
ラミド機能成分という美容成分を
開発したことで多く乾燥肌の救世
主的存在に。

ON BY KOSÉ
ザ ウォーター メイト
コーセー

ヒアルロン酸とセラミド
複合体のコラボ技術は世
界初。各誌ベストコスメ
を総なめにした実力者。

セレクト・コメント／岡部美代治

コラーゲン類

真皮の構成成分で
ハリを保つ役割を果たす成分。
年齢と共に減少するため
エイジングケアに必須。

詳しい紹介は70ページ

DHC
スーパーコラーゲン クリーム

コラーゲンで肌プルプルの効果
を即実感。スーパーコラーゲン
の名に恥じない名品。

ドクターシーラボ
アクアコラーゲンゲル エンリッチリフト EX

コラーゲンを基剤としたオールインワン
ゲルのパイオニア的商品。今でも進化を
繰り返し、愛され続ける。

コウジ酸

杜氏の手が美しいことから発見された
日本生まれの美容成分。
肌悩みの解消と美白に大きな期待。

詳しい紹介は86ページ

コスメデコルテ
ホワイトロジスト ネオジェネシス
ブライトニング コンセントレイト
医薬部外品

常に美白メカニズムの最新研究を
搭載。コウジ酸と植物エキスを配
合し、美白にアプローチする優れ
もの。

デルメッド
ブライトニング クリーム 医薬部外品
三省製薬

美容成分コウジ酸の生みの親
といえばここ。誠実で、頼れ
る安心の美白クリーム。

トラネキサム酸

「肌荒れ防止」「美白」
2つの有効成分として厚生労働省の
承認を得ている頼もしい成分。

詳しい紹介は86ページ

トランシーノ
薬用メラノシグナルエッセンス 医薬部外品
第一三共ヘルスケア

肌に乗せてよし、飲んでよしのシミケア総合ブランド
トランシーノ。有効性の主人公はやはりこの美容液。

HAKU
メラノフォーカスEV
医薬部外品
資生堂

世界で最初に加齢ジミの原因
が微小慢性炎症だと特定。そ
の対策商品として生まれたロ
ングセラー美白美容液。数年
ごとに進化を繰り返している。

ビタミンA類

別称レチノール。脂溶性ビタミンでとくにシワ改善を目指す化粧品に配合。美容医療でも活用。

詳しい紹介は92ページ

エリクシールシュペリエル
エンリッチドリンクルクリーム S
医薬部外品

レチノールをエイジングケアの有効成分として採用。メーカー主流ブランドの真打といえるシワ対策クリーム。

エンビロン
C−クエンスセラム
4プラス
プロティア・ジャパン

ビタミンAの美肌効果を追求し続けるドクターズコスメ。このレチノール誘導体美容液はまさに究極。

ハトムギ種子エキス

美容への効果で定評のある漢方薬「ヨクイニン」の原料から抽出された長い歴史を持つ美容成分。

詳しい紹介は196ページ

ナチュリエ
ハトムギ保湿ジェル
イミュ

ハトムギをコスパ良く使えるジェルに配合。ディリーに惜しみなく使えることで民間普及させた。

アルビオン
薬用スキンコンディショナー
エッセンシャル N 医薬部外品

元祖白濁化粧水、ハトムギ化粧水としても親しまれ、超ロングセラーを続けている。実力は使えば納得するはず。独自の香りと共に肌が整い、ゆらぎやすい肌も安定する。

バラエキス

バラの品種によって香りや効果が異なり、高級化粧品ブランドでは独自栽培のバラを使用することも。

詳しい紹介は196ページ

ディオール
プレステージ マイクロ ユイルド ローズ セラム
パルファン・クリスチャン・ディオール

独自のノウハウでグランヴィルローズの花びら、茎と各部位に最適な有効成分抽出法を採用。処方の92%が自然由来成分の至高の美容液である。

ランコム
アプソリュ ソフトクリーム

ランコムローズと2種のローズ由来成分をブレンド。肌の上で溶けるように広がる五感に響くラグジュアリーなクリーム。自信を持って世に出した一品。

ニューフェイスながら将来のスター成分候補！
ホープ成分

セレクト・コメント／岡部美代治

トレハロース

キノコや海藻類、酵母などに
含まれる糖類の一種。
保湿力を期待されてさまざまな
化粧品に。

詳しい紹介は75ページ

ちふれ
保湿化粧水
とてもしっとりタイプ
ちふれ化粧品

乾燥や凍結に強く、厳しい環境下
の生物を守るトレハロースの働きを
化粧水に。たっぷり使える化粧品。

CHIFURE
保湿化粧水
とてもしっとり
ノンアルコール

Moisturizing Lotion
[Deep Moist]

3 essential skin moisturizing
ingredients comfortably
hydrate your skin

ちふれ

TSUDA COSMETICS
スキンバリアクリーム
ドクター津田コスメラボ

トレハロースの性質を見抜いたの
は医師ならでは。角層バリア強化
の重要性を熟知したドクターズコ
スメのクリーム。

TSUDA
COSMETICS

SKIN BARRIER CREAM

ツボクサエキス

CICAの別称でブームに。
古くから美容を目的に使われる、
抗炎症、美白が期待される。

詳しい紹介は195ページ

FEMMUE

LUMIÈRE REFINER
120 ml 4.05 fl.oz

FEMMUE
ルミエール リファイナー
アリエルトレーディング

植物性AHAと敏感肌対応の植物エキスのエイ
ジングケア化粧水。ツボクサエキスも抗エイジン
グ成分の強力メンバーである。

sitrana
CICA REPAIR
ESSENCE

シトラナ
シカリペア エッセンス
プレミアアンエイジング

ツボクサの有用成分マデカッソ
シドを中心に強化したツボクサ
複合体と海藻由来成分を処方し
たのが特徴。

チャ葉エキス

飲料の茶と同様にポリフェノールが
多く含まれ、抗酸化作用により
さまざまな美容効果を発揮。

詳しい紹介は**194**ページ

カネボウ
ヴェイル オブ デイ
カネボウインターナショナル Div.

優しいベールのような使用感のUV美
容液。日中の肌保護効果と紫外線防止
効果をダブルで実現。

THREE
バランシング クリーム R

皮膚のバリア膜をサポートしながら植物の
ブレンドエキスを送り届け肌の状態を底上
げ。ブランドの特性がよく出た一品。

ペプチド類

ペプチドとはアミノ酸がつながった化合物。
コラーゲン補強の働きをサポートする役割が。

詳しい紹介は**96**ページ

クリニーク
スマート リペア クリーム

再生医療で注目されるペプチドを研究。化粧品と
してのベストバランス処方を実現したクリーム。

スイゼンジノリ多糖体

「サクランTM」という別称で知られる
ナチュラル成分。
ヒアルロン酸を超える高い保水力で注目。

詳しい紹介は**193**ページ

フィルナチュラント
エクスバリア
リペア クリーム II
ドクターフィル コスメティックス

スイゼンジノリ多糖体が肌の
上に擬似バリア膜を形成。
外部の刺激も内側からの水
分蒸発もしっかりブロック。

N organic
Vie モイストリッチ
ローション
シロク

高い保湿力で肌をうるお
す化粧水。絶滅危惧種
のスイゼンジノリを保護
するオーガニック思想が
手を抜かない商品づくり
に反映している。

バイキャラクター成分

脇役的存在ながら美容成分を心強くサポート

セレクト・コメント／岡部美代治

NMF成分（アミノ酸類など）

角層細胞に存在する
水溶性の天然保湿因子。

詳しい紹介は**77**ページ

ETVOS モイスチャライジングセラム

セラミドを主体とした処方の保湿美容液。NMF
成分のアミノ酸をサポート成分として配合。手
応えある一品に仕上げた。

ミノン アミノモイスト
モイストチャージ
ミルク
第一三共ヘルスケア

多種のアミノ酸を配合し、
保湿力を最大限に引き出
した保湿乳液。敏感肌に
も使える安心安全設計。

ホホバ種子油

人の皮脂によく似た構造でなじみやすく、
水分蒸発を防ぐ役割が。
民間薬として古くから活用。

詳しい紹介は**52**ページ

RMK
Wトリートメントオイル
RMK Division

スキンケアの初めに使うプレオイル。ホホバ種子オイ
ル、スクワラン、アルガンオイルなど美容オイルのベス
トブレンドが絶妙。

アルビオン
フレッシュ
ハーバルオイル

ホホバ種子オイルはマル
チユースの美容オイ
ルを支える縁の下の力
持ち。その実力は使え
ばわかるはず。

グリチルリチン酸2K

生薬のカンゾウの根に含まれる
薬用成分のカリウム塩。
皮膚のバリア機能を高める。

詳しい紹介は**112**ページ

イハダ 薬用ローション（しっとり） 医薬部外品
資生堂薬品

高精製ワセリンが乾燥などの肌トラブルを予防
します。さらに、抗肌荒れ有効成分グリチルリチ
ン酸塩が肌荒れ・ニキビを予防。

オルビス
オルビス ユードット
フォーミングウォッシュ
医薬部外品

粘り気のある濃密な泡が肌
をクリーンに洗い上げる。
グリチルリチン酸2Kが洗
顔後の肌を守ってくれる。

アルガニアスピノサ核油

ほぼオレイン酸とリノール酸で構成され、
ビタミンEが豊富な天然オイルで、
アルガンオイルの別称でも有名。

詳しい紹介は**52**ページ

メルヴィータ
ビオオイル アルガンオイル
メルヴィータジャポン

肌なじみがよくトリートメント効果で柔軟
な肌に整えるので、スキンケアのうるおい
を抱え込むブースターの役割も。アルガン
オイルを知り抜いているからできる処方。

ローズ ド マラケシュ
アルガンオイル ローズ
ジェイ・シー・ビー・ジャポン

社長自ら見極めた原材料を
コールドプレス法で抽出し
た100％のアルガンオイル
を配合。モロッコ産ローズ
が華やかに香る、プレミア
ムなフェイシャルオイル。

海藻エキス（カラギーナンなど）

ミネラル豊富な海藻から得られたエキス。
肌のうるおいを保つだけでなく
肌荒れを防ぐ効果も。

詳しい紹介は**167**ページ

ラ・メール
ザ・モイスチャライジング
クール ジェル クリーム

外箱の緑色がイメージするのは海
藻エキスからなる保湿成分のミラク
ル ブロス™。効き目はうるおい
ある柔軟肌でわかるはず。心地よ
いひんやり感も特長。
※ジャイアント シーケルプ（海藻）などからな
る独自の保湿成分。

La Sana
海藻 オールインワン ゲル
ヤマサキ

アミノ酸を含む2種類の海藻エキスを配合。
さらにコラーゲンとのコラボでぷるぷる肌
に。商品名に海藻をのせるほどのこだわりが
詰まったオールインワンのゲルベース。

グリセリン

外部から水分を取り込む特性を持ち
多くの化粧品に配合。化粧品に
使われるのはほぼ天然グリセリン。

詳しい紹介は**46**ページ

イプサ
ME 4 医薬部外品

肌の角層にも含まれる保
湿成分グリセリン。単独で
はなくほかの保湿成分との
コラボこそ生かせることを
知っている化粧液。

美容成分の歴史

美の基準が時代とともに変わるように、
化粧品も使う人たちのニーズに応え、次々と誕生し、
進化していきました。その歴史の主役となっているのが、
美容成分です。現代にいたるまでの
美容成分の歴史を対局的に振り返ってみましょう。

「夏は美白!」の時代、
本格的にスタート

強力
美白成分
登場

ビタミンC誘導体・
アルブチン・コウジ酸

「美容成分」の意識はここから!

不動の大御所成分
アロエエキス・海藻エキス・ビタミンE類・
グリチルリチン酸

> 化粧品の
> "美容成分"の
> 存在感が
> 大きくなる

コラーゲンコスメ広がる

各種コラーゲン・ヒアルロン酸
普及

「杜氏の手はきれい」の発見

発酵エキス多様化の幕開け
米・大豆・野菜・果物・生薬などの発酵エキス

漢方薬・ハーブティーがブームに

和漢植物・ハーブ成分
ハトムギエキス・カミツレ花エキス

美白有効成分としても活躍

プラセンタブーム

狂牛病事件で
ブーム消失

| 1970 | 1980 | 1990 | 2000 |

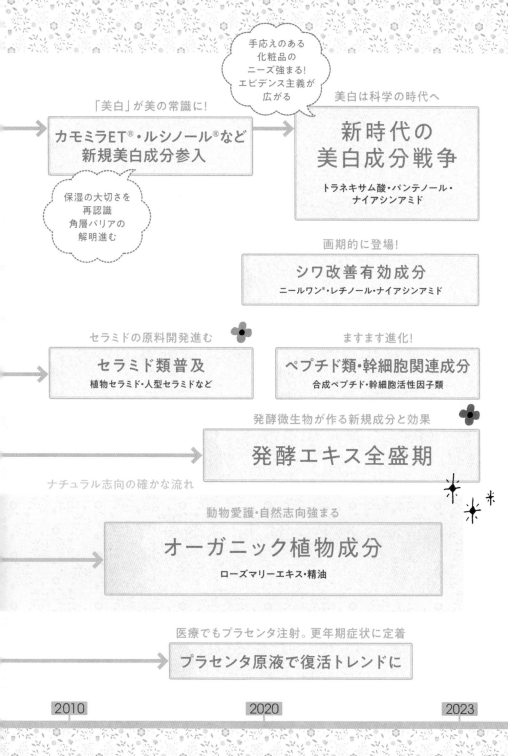

手応えのある
化粧品の
ニーズ強まる!
エビデンス主義が
広がる

「美白」が美の常識に!

美白は科学の時代へ

カモミラET®・ルシノール®など
新規美白成分参入

新時代の
美白成分戦争

トラネキサム酸・パンテノール・
ナイアシンアミド

保湿の大切さを
再認識
角層バリアの
解明進む

画期的に登場!

シワ改善有効成分

ニールワン®・レチノール・ナイアシンアミド

セラミドの原料開発進む

ますます進化!

セラミド類普及

植物セラミド・人型セラミドなど

ペプチド類・幹細胞関連成分

合成ペプチド・幹細胞活性因子類

発酵微生物が作る新規成分と効果

発酵エキス全盛期

ナチュラル志向の確かな流れ

動物愛護・自然志向強まる

オーガニック植物成分

ローズマリーエキス・精油

医療でもプラセンタ注射。更年期症状に定着

プラセンタ原液で復活トレンドに

2010

2020

2023

美容成分の歴史6大トピックス

前ページで説明したように、美容成分はこの50年で大きく進化してきました。
その半世紀の中で大きな意味を持つ6つのトピックスを紹介します。

化粧品の意識を変えた
不動の大御所成分

　1970年代、「アロエは医者いらず」といわれるように、特定の成分が皮膚によい効果をもたらすことが知られるようになりました。その流れから化粧品メーカーが以前から配合していたアロエやビタミンEといった保湿や肌荒れ防止の有効成分が改めて注目されるようになり、一般の人たちに「美容成分」という概念が浸透していったのです。

日本独自の「美白」成分が
ブライトニングで世界に

　「小麦色の肌」が夏を象徴していた時代が去ると、時代は一気に白い肌を求めるようになりました。それに伴いビタミンC化粧品やプラセンタエキス配合化粧品が登場しましたが、最初は粉末のビタミンCを溶かしたものが主流でした。しかしビタミンC誘導体の登場により安定してさまざまな化粧品に配合できるようになって美白ブームは加速し、現代に至ります。

ブームを超えて定着
ナチュラル成分

　世界中どこの国でも植物を病気やけがの治療に使ってきた歴史があります。和漢植物、ハーブなどがその代表で、薬品の開発が進んでもこれらを支持する人は昔から一定数いました。それが環境汚染や公害が社会問題となった時代に化学物質に対する漠然とした不安が広がったことで、化粧品でも化学合成物質を否定する動きにつながりました。これにより植物エキスを使った化粧品への注目が高まっていったのです。近年、欧米からオーガニック思想によりその傾向はますます強くなっています。

「保湿」のメカニズムが解明
角層バリアと保湿成分

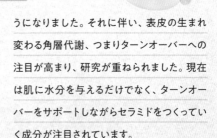

「乾燥は美容の大敵」という言葉とともに、保湿の大切さは昔からいわれてきました。角層のバリア構造が皮膚を乾燥から守っていることが解明されると、NMF成分、アミノ酸、セラミドといった皮膚の水分を保つ成分が研究され、化粧品に配合されるようになりました。それに伴い、表皮の生まれ変わる角層代謝、つまりターンオーバーへの注目が高まり、研究が重ねられました。現在は肌に水分を与えるだけでなく、ターンオーバーをサポートしながらセラミドをつくっていく成分が注目されています。

発酵技術は美容成分の
錬金術

栄養価と保存性を高めるとして、主に食品の分野で発酵の研究が重ねられていました。そうした中で、酒造りの杜氏の手が白く美しいことが注目され、酒造メーカーが次々と化粧品業界に参入するように。発酵の主役になる菌の種類によって生み出される成分が異なるため、発酵技術で生み出される有効成分の種類は膨大だと予想されます。

エイジングケアに新しい視点
抗酸化という新発見

エイジングの研究が進み、肌老化を加速させる原因は紫外線にあることが判明しました。さらに、紫外線によって皮膚の内部に活性酸素が生まれることや、活性酸素がコラーゲンなどを変質させることも解明。老化の原因、活性酸素を食い止める「抗酸化」の重要性が判明しました。ビタミンEなどの抗酸化成分がエイジングケア成分として注目されています。

進化を続ける美容成分 *4* つの潮流

浸透技術がサポート！
カプセル化と複合体

いくら優秀な成分でも、必要な場所に届かなければ効果を発揮することができません。そこで注目されているのがリポソームなどの美容成分をカプセル化、または有効成分を組み合わせた複合体にして必要な場所に届けるという技術です。複数の美容成分などの組み合わせで新たな機能をもつ複合体の技術はめざましく、今後も広がっていくことが予測されます。

美容医療との接点
再生医療と美容成分

再生医療の研究は美容クリニックなどで行われる加齢などにより機能が衰えた皮膚に対し美容医療にも応用されています。その考え方や技術を取り入れた化粧品も増えてきました。代表的な例がAHAなどのピーリング効果をもつ成分です。さらに、ボトックスと同じような働きをもつペプチド、幹細胞培養上清液なども発展が期待される成分です。

地球規模へ拡大
オーガニックとSDGs

現在のオーガニックは、ただ自然由来の成分を使うというだけでなく、各メーカーが環境に対してどのようなスタンスをとっているかという、SDGsの観点からも注目されるようになりつつあります。美容だけでなく社会へのアプローチも注目され、企業の姿勢が問われるようになっているのが、これからのオーガニック市場といえるでしょう。

美容成分の記号化
CICAの教訓

韓国コスメで近年注目を集め画期的だった戦略は植物成分のツボクサエキスに「CICA（シカ）」という別称をつけたこと。さらに各メーカーを超えてグリーンのイメージカラーを使うことにより、大きなブームを起こしました。マーケティングにより成分・製品への注目度が大きく変化したことは、世界中の化粧品メーカーのよいお手本になりました。

Part 1

皮膚と化粧品の
基礎知識

普段使っている化粧品が皮膚にどのような影響を与え、
どのような役割を果たしているでしょうか。
愛用の化粧品をより効かせるため、
そして自分に合う化粧品と出合うためにも、
皮膚と化粧品の基本的な働きや役割を知りましょう。

皮膚の基礎知識

美しい肌を目指すならもっとも重要なことは
肌のしくみを知ったうえで的確なケアをすること。
基本的な構造と性質、
そして役割を理解しましょう。

皮膚の構造と働き

皮膚は体全体を包む臓器であり、「表皮」「真皮」「皮下組織」という層が重なった構造になっています。皮膚には紫外線や乾燥、有害物質から体を守るバリア機能、皮脂・汗を分泌して老廃物を排出する分泌・排出機能、表皮を通して薬剤などを吸収する経皮吸収機能、体温を一定に保つ体温調節機能、気温や刺激などを脳に伝えるセンサー機能、異物や細菌から体を守る免疫機能という6つの生物学的な働きがあります。

それだけではなく、顔の皮膚は表情筋を通して喜怒哀楽を伝えるという感情表現をするという「社会文化的な働き」をもち、コミュニケーションに役立てています。

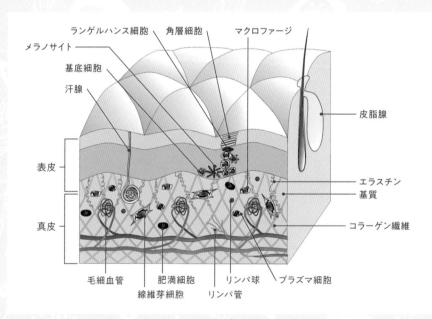

表皮の構造としくみ

全身を覆う皮膚の表面を表皮といい、外界からの刺激から肌を守ると同時に、肌内部の水分蒸発を防ぐ役割を果たしています。その厚さは平均約0.2ミリ程度しかありません。表皮は表面から「角層」「顆粒層」「有棘層」「基底層」の4層構造になっており、基底層で生まれた細胞は少しずつ表面に押し上げられていくというしくみで常に新しく生まれ変わっています。

基底層で生まれた細胞は、分裂を繰り返しながら表面に向かって有棘細胞、顆粒細胞と変化し、最後にシート状の角層細胞に変化します。古くなった角層細胞は垢となってはがれ落ち、新しい細胞と入れ替わります。この仕組みをターンオーバー（角層代謝）と呼び、この一連の期間は一般的に24日〜6週間といわれています。

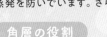

3つの要素が強力な肌バリアをつくる

表皮は皮脂腺から分泌された皮脂と汗腺から分泌された汗などが混じり合った「皮脂膜」という天然のクリームで覆われています。また、角層細胞同士の間は「細胞間脂質」で埋められ、水分の蒸発を防いでいます。さらに、角層細胞内にはケラチンというタンパク質とNMF（Natural Moisturizing Factor＝天然保湿因子）という物質が備わっており、強度とうるおいを保ちます。この3つの働きで肌は乾燥や刺激から守られ、内部の水分を保っていられるのです。

角層の役割

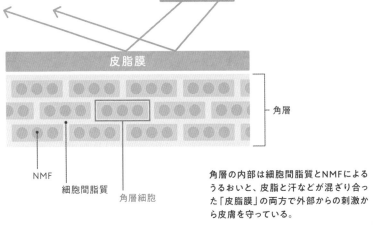

外部の刺激

皮脂膜

角層

NMF　細胞間脂質　角層細胞

角層の内部は細胞間脂質とNMFによるうるおいと、皮脂と汗などが混ざり合った「皮脂膜」の両方で外部からの刺激から皮膚を守っている。

肌 質 診 断 テ ス ト

　自分に合った化粧品を見つけるためには、自分の肌をよく知ることがとても大切です。まずは基本的な自分の肌質を判断しましょう。直近1～2週間の肌の状態を振り返り、「ドライ度」「オイリー度」の質問に対して該当する項目の数をそれぞれの解答欄に記入してください。診断は右ページをご覧ください。どちらともいえない、わからない場合は△を記入し、0.5個と数えます。

✿ ドライ度チェック

YES

Q1 日中、肌がつっぱることがある ☐

Q2 口や目のまわりがカサつきやすい ☐

Q3 肌荒れを起こしやすい ☐

Q4 化粧ノリが悪く粉っぽく仕上がる ☐

Q5 肌のキメが細かいほう ☐

ドライ度
該当したのは……

☐ 個

✿ オイリー度チェック

YES

Q1 日中、肌のテカリが気になる ☐

Q2 あぶらとり紙をよく使う ☐

Q3 化粧が浮きやすく崩れやすい ☐

Q4 頬の毛穴が大きく目立つ ☐

Q5 額や頬にニキビができやすい ☐

オイリー度
該当したのは……

☐ 個

✿ 敏感肌チェック

肌の調子がたびたび崩れるなら、敏感肌の可能性が。以下のテストで診断しましょう。それぞれの質問に「ある」「ない」「どちらともいえない」で回答してください。診断は右ページをご覧ください。

Q1 日中、肌がつっぱることがよくある ☐

Q2 口や目の周りがカサカサすることがある ☐

Q3 肌荒れを起こすことがある ☐

Q4 化粧品をつけたあとでピリピリと痛みを感じることがある ☐

Q5 化粧品をつけたあとで肌が赤くなることがある ☐

肌質診断結果

　28ページで出したドライ度、オイリー度の個数を下のマトリックス表に入れましょう。たとえばドライ度が2個、オイリー度が3個なら脂性肌、ドライ度が4個、オイリー度が3個なら混合肌となります。

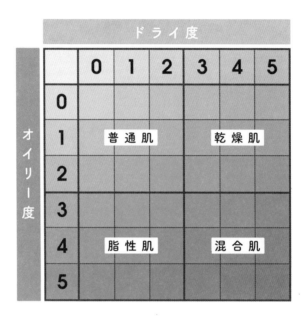

		ドライ度					
		0	1	2	3	4	5
オイリー度	0						
	1		普通肌			乾燥肌	
	2						
	3						
	4		脂性肌			混合肌	
	5						

普通肌

水分・油分のバランスがとれた肌です。季節によって乾燥肌や脂性肌に変わることもあるので年に2回は肌質診断テストを行いましょう。

乾燥肌

水分・油分が不足してカサつきやすい肌です。化粧水などで水分を与えるとともに、乳液・クリームで水分蒸発を防ぎましょう。

脂性肌

皮脂分泌量が多くベタつきやすい肌です。洗顔をしっかりと行うと同時に、水分だけでなく軽い質感の油分も補うことが大切です。

混合肌

額・鼻・あごのTゾーンはテカり、目や口元まわりのOゾーンが乾燥するのが混合肌です。部分によりスキンケアを変えるのがコツです。

✿ 敏感肌結果

「敏感肌チェック」の回答を以下の配点に従って点数をつけてください。

ある……1点 ない……0点 どちらともいえない……0.5点	合計 □ 点

Q2の点数は2倍、Q4、Q5は3倍にして合計点数を出してください。

0~1点

肌はすこやかな状態。引き続きていねいなスキンケアを続けましょう。

1.5~5点

敏感肌予備軍です。季節の変わり目やストレス、ホルモンバランスなどの影響で敏感になることがあるため、注意が必要です。

5.5~10点

とてもデリケートな敏感肌。トラブルが続く場合は自己判断せず皮膚科を受診しましょう。

化粧品の基礎知識

化粧品とは健康的な状態を守ることで
若々しく美しい肌をつくり、維持してくれる製品であり、
目的に応じてさまざまな種類があります。

化粧品の役割と形状

スキンケア用化粧品にはさまざまな種類があり、それぞれ役割が異なります。化粧品を選ぶときは配合されている成分に目が向きがちですが、それ以上に重要なのは化粧品の役割を理解して使用すること。それだけでなく「使用感が好みに合っているかどうか」はスキンケアの満足度に大きく関わるため、化粧品の感触を左右する形状の違いを見極めることも欠かせません。自分の肌質と好みに合った化粧品と出合うためにも、化粧品の役割と形状の違いを理解しましょう。

肌質やメイクの
濃さで選ぶ

メイク落とし

役割

油で溶かして落とす

メイクアップ化粧品は水や洗顔料では落としにくいので、メイク落とし化粧品で油分を溶かして落とすほうが効果的。使用後は拭き取るタイプ、水やぬるま湯で洗い流すタイプがある。

主な成分 　メイクアップを油性成分で溶かす

メイク落としの主な成分は親油性成分。使用後に洗い流すタイプは乳化させるため界面活性剤が配合されている。

ふき取りタイプ
メイク落としを染み込ませたシート状のものが一般的。手軽な反面、皮膚への強い摩擦が刺激となることも。

ジェルタイプ
透明から半透明で粘度が高いゼリー状。なめらかで肌の摩擦が少ないため敏感肌に向いている。

その他
クリームタイプより油分が少ない乳液タイプ、コットンに含ませて使用するローションタイプなども。

形状

油分量により異なる濃さ

オイルタイプ
油性成分が主原料。油分量が多いメイクアップ化粧品を乳化させて落とすものが主流。

クリームタイプ
油性成分、水分、乳化剤、保湿剤が配合されている。肌への密着度が高くメイクが落ちやすい。

肌の汚れを
落とす

洗顔料

役 割

汗や皮脂などを
泡の力で落とす

朝は睡眠中の皮脂や汗、寝具の
ホコリを、夜は1日過ごしたあとの
汚れを落とすため、洗顔はスキン
ケアの基本。脂性肌に向いた洗
顔料は過剰な皮脂を落とすため
脂を取る力が強い。肌質に合った
洗顔料を選ぶことが重要。

主な成分

水と油を合わせる
界面活性剤が主役

配合成分の主体が界面活性剤
で、保湿や角質除去などを目的
に効果効能成分が配合される。

形 状

使用感、
利便性でも選べる

石けん

成分のほとんどが界面活性剤
で、水に濡らし泡立てて使用す
る。基本的に体用と同じだが顔
用では美容効果を目的とした成
分が配合される。

フォーム

柔らかい状態にし、チューブに
入れたペースト状の製品が多
い。泡だった状態で出てくるポン
プタイプのものも増えてきた。

ジェル

ゼリー状の洗顔料を直接肌にな
じませ、泡立てずに使用する。
肌に密着し古い角質を除去する
作用がある。

Column

ダブル洗顔は必要？

　メイクアップ化粧品は油分が多いため、メイク
落としで油を溶かして落とす必要があります。そ
のあと、肌に残ったメイク落としを落とすために
洗顔することをダブル洗顔といいます。油分の多
いファンデーションを使用した日の洗顔方法に適
しています。その反面、ダブル洗顔直後の肌がア
ルカリ性に傾いて乾燥しやすくなる、肌への摩擦
が増えるため刺激が強いなどの不安もあります。
油分が少ないファンデーションを使用するなど化
粧が軽い日は、油分を乳化させる作用のある界面
活性剤が配合され、水やぬるま湯で洗い流すこと
ができるダブル洗顔不要のメイク落としを使って
もよいでしょう。ただし、最近は肌への安全性の
高い商品が増えているので、敏感肌用や肌に優
しいなどの表示を参考にするとよいでしょう。

日本人が好きな
スキンケア製品

化 粧 水

役 割

肌に水分を与えて
うるおいを保つ

洗顔後すぐに使用する化粧水には肌を柔らかくする柔軟化粧水や毛穴を引き締める収れん化粧水、角層や余分な皮脂を除去するふき取り化粧水などの種類がある。最近はそれらの機能を併せもつものも増えている。

主な成分

成分のほとんどが
水性成分

ほぼ水性成分でできている。製品のタイプにより、配合される成分はさまざま。

形 状   質感によりさまざまなタイプがある

透明タイプ

化粧水の大半がこのタイプ。保湿剤を多く含んだしっとりタイプから水のような質感のさっぱりタイプまでさまざま。

白濁タイプ

粘度がある質感で白濁したタイプ。油性成分や保湿成分が含まれた製品が多い。

ふき取りタイプ

角層や皮脂、メイク落とし化粧品を落とす目的で使われる化粧品。多くの場合エタノールが含まれているため、すっきりとした使用感。

引き締めタイプ

拭き取りタイプと同様にエタノールが含まれている製品が多い。収れん成分を含み、毛穴を引き締める目的で使われるため、収れん化粧水とも呼ばれる。

柔軟タイプ

肌を柔らかく保つために使用される。保湿成分が多く配合されているため、しっとりとした使用感の製品が多い。

二層タイプ

透明、または白濁タイプに保湿成分としてオイルを配合した製品。水と油で二層になっている。振り混ぜて使用する。

Column

化粧液ってなに?

化粧液という製品を見かけるようになりました。その定義はメーカーによってさまざまですが、美容液やクリームといった美容成分が多く含まれる化粧品の浸透力を高める導入化粧液、美容成分が多く含まれる美容液のような化粧液など、役割や機能もさまざまあります。一般的な化粧水よりも美容効果が高いというイメージで「化粧液」という言葉が使われるケースもあるようです。製品によって使用する順番や方法が違うので、使用方法をよく読んで理解してから使うことが大切です。

水分を補ったあとに使う
油分のフタ

乳液・クリーム

役割

水分と油分を含み 乾燥から肌を守る

乳液やクリームは肌全体を油分で覆うことで、化粧水で与えた水分の蒸発を防ぐ。一般的に水分と油分のバランスがとれていて軽い使用感の乳液、油分や美容成分が多く含まれたクリームと分類できる。最近は化粧水の機能も併せもつオールインワンタイプの乳液、クリームも増えている。

形状 油分の量により質感もさまざま

乳液タイプ

水分と油分がバランスよく配合された乳液と呼ばれる製品。水分が多いさっぱりタイプと油分の多いしっとりタイプがある。

ジェルクリーム

クリームより油分量が少なく水分の多いゼリーのようなクリーム。化粧水・乳液・クリーム・美容液の役割を果たすオールインワン化粧品にこのタイプが多い。

クリームタイプ

乳液よりも油分が多く、容器を下に向けてもタレ落ちない。

バームタイプ

水分をほとんど含まず、油分を固形化したバターや軟こうのような形状の化粧品。保湿効果が高く、乾燥などの外部刺激から肌を守ってくれる。

主な成分

種類・役割もさまざまな油性成分が主役

いずれも水性成分と油性成分が配合されており、乳液は水性成分が、クリームは油性成分が多い。両成分を乳化させるために界面活性剤が使用される。

Column

乳液とクリームの違いは配合バランス

乳液・クリームの役割は皮膚に油分を補い、角層から水分が蒸発するのを防ぐこと。どちらも水性成分と油性成分、保湿成分で構成されていますが、乳液は水溶性保湿成分（ヒアルロン酸など）の配合量が多く、クリームは油溶性保水成分（セラミドなど）の配合量が多いのが特徴です。形状としては乳液はトロリとした液状、クリームは容器を下に向けてもタレない半固形状です。皮膚に栄養補給したいときはクリーム、みずみずしく整えたいときは乳液と使い分ける、併用するなど現在の肌状態に合わせて使用するのがよいでしょう。

特定の肌悩みを
ターゲットにした製品

美容液

形状

とろみのある質感が
特徴

透明タイプ

とろりとした質感で肌への浸透性が高い。化粧水のような液状のもの、ジェル状のものなどさまざまなタイプがある。

クリームタイプ

乳液のように軽い質感のものからクリームに近い濃厚なものまでさまざま。透明タイプより保湿力が高い製品が多い。

役割

肌悩みに応じて
有効成分を配合

多くの場合、化粧水より粘度があり保湿力が高い。「シワ」「美白」「ハリ・弾力」など特定の肌悩みに特化した成分が高濃度で配合されている。美容効果を主目的とする乳液やクリームが美容液と分類することもある。

主な成分

製品のタイプにより
多様な成分が配合

水性成分と増粘剤が配合されたジェルタイプから油性成分が多いクリームタイプ、植物エキスが配合された透明タイプなどによって配合される成分はさまざま。肌悩みに応じた成分が多く含まれるのも特徴。

油性成分がメインの
シンプルな構造

美容オイル

形状

油性成分の割合で
決まる

オイルタイプ

オリーブ種子油やスクワランなど油そのものの製品と酸化防止剤などが配合された製品がある。成分によって浸透性が異なる。

二層タイプ

化粧水とオイルを1本にまとめた製品。ボトルを振って混ぜ合わせて使用する。水性成分と油性成分の配合比率もさまざま。

役割

肌を柔らかくして
うるおいを保つ

美容オイルは肌の水分蒸発を防いでうるおいを保つ効果と、肌を柔らかくして柔軟性を高める効果がある。油溶性美容成分を配合したものも増えている。スキンケアの最後に使う製品が多い。

主な成分

さまざまな種類の
"油"で構成

オリーブ種子油や馬油などの油脂、スクワランなどの炭化水素、ホホバ種子油などのロウ類が多い。サラサラした感触を出すためにシリコーン油や化学合成エステルを使う場合もある。

肌を覆って
効果を高める

パック

役割

高い保湿力による
集中的なケア

美容成分を含ませたシートやクリームを肌に密着させて保湿力を高めたり、浸透をよくしたりすることでより高いスキンケア効果を狙う。毛穴の汚れや古い角層をはがすための製品もある。

主な成分

目的に応じた
美容成分を高濃度で

パックの成分は形状や目的によってさまざま。シートタイプやクリームタイプは保湿や美白など目的に応じた成分が配合されている。塗ったあとにはがすピールオフタイプは膜をつくる性質のポリビニルアルコールが配合されたものもある。

形状

求める効果により形状や
配合成分が変わる

シートタイプ

一般的には化粧水や美容液を含ませた不織布のシートで顔を覆って成分を浸透させる。成分の蒸発を防ぐため密閉パウチに封入されている。

クリームタイプ

チューブまたはボトルに入った製品を顔全体に厚く塗り広げて密着させる。粉末の酵素などと混ぜ合わせて使用するものもある。

ピールオフタイプ

肌に塗り、乾いてフィルム状になったパック剤をはがすタイプが主流。ほかには海草や石こうを固めてはがすタイプもある。

Column

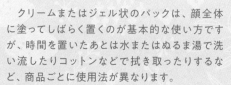

クリーム・ジェルタイプは
使用法をよく読んで

クリームまたはジェル状のパックは、顔全体に塗ってしばらく置くのが基本的な使い方ですが、時間を置いたあとは水またはぬるま湯で洗い流したりコットンなどで拭き取ったりするなど、商品ごとに使用法が異なります。

箱などに明記されている使用方法は、その商品の力を存分に引き出すためにメーカーが推奨しているものですから、使うときは必ず使用方法をよく読んで守りましょう。特に洗い流すタイプは安全性のためにも必ずていねいに洗い流しましょう。

化粧品の区分

化粧品には「化粧品」「医薬部外品」の
2種類があります。
その区分と違いを理解しましょう。

化粧品の役割と形状

肌を整えるために使用するスキンケア用品は「化粧品」と「医薬部外品」があり、さらに肌を治療するための「医薬品」があります。それぞれ薬機法*という法律により品質・有効性・安全性などについて規制されています。化粧品は皮膚や毛髪、爪を清潔にし、健やかに保つため使用されるもので、人体に対する作用が穏やかなものを指します。医薬部外品は特定の成分により美白など特定の効果効能を引き出すもので、人体に対する作用が穏やかなものを指します。製品に配合されている成分はパッケージに表記するよう義務付けられています。しかし、化粧品に配合された場合と医薬部外品に配合された場合では同じ成分でも表示名が異なることがあります。名前は違っても機能は同じです。その代表例は下のコラムで説明します。

化粧品 医薬部外品 医薬品の違い

化粧品	医薬部外品	医薬品
● 清潔・美化・健康	● 予防・衛生 ● 承認された効果効能を表示してよい ● ドラッグストア・化粧品店で販売	● 治療・予防 ● 調剤薬局で販売 ● 処方せんが必要

※ 正式名称は「医薬品、医療機器等の品質、有効性及び安全性の確保等に関する法律」

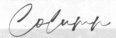

同じ成分でも違う成分名で表示される？

製品に配合されている成分はパッケージに表記するよう義務付けられています。しかし、化粧品に配合された場合と医薬部外品に配合された場合では同じ成分でも表示名が異なることがあります。名前は違っても機能は同じです。その代表例をあげましょう。

● 水 ➡ 水・精製水
● BG ➡ 1,3-ブチレングリコール
● メチルパラベン・エチルパラベン
　➡ パラオキシ安息香酸エステル
● トコフェロール
　➡ 天然ビタミンE・dl-α-トコフェロール
● ココイルグルタミン酸Na
　➡ N-ヤシ油脂肪酸アシル-L-グルタミン酸ナトリウム
● ユビキノン(コエンザイムQ10)
　➡ ユビデカレノン

化粧品

肌の健康と美しさが目的

　化粧品の効能は「肌を清潔に保つ」「肌を健やかに整える」「肌荒れを防ぐ」「肌にツヤを与える」など厚生労働省が定めた56項目の範囲内と定められており、かつ「人体に対する作用が緩慢なもの」と定義づけられています（薬事法第2条）。万が一誤って飲んだとしても強い作用を起こすことがなく、肌につけても炎症などの皮膚トラブルを起こさず、シミが消えるなどの化粧品の機能を超える作用を起こさないものを指します。

医薬部外品

予防と特定の効果効能を発揮

　医薬部外品は化粧品と医薬品の中間的な存在で、厚生労働省が承認した特定の効果効能を発揮する特定の成分（有効成分）が特定の濃度で配合されています。認められている効果効能の範囲は「肌荒れを防ぐ」「メラニンの生成を抑え日焼けによるシミ・そばかすを防ぐ」「肌を引き締める」など、化粧品にはない効果効能が期待できます。

医薬品

医師の指導のもと使用する

　医薬品は病気の「治療・予防」を目的に用いられ、配合された有効成分の効果・効能が厚生労働省によって認められているもので、基本的に医師の処方・指導のもとに使用します。肌に使用するものではヘパリン類似物質が保湿の有効成分として配合された外用薬、シミの治療に用いるハイドロキノンなどが代表的な医薬品です。

Column

薬用化粧品とは？

　肌悩みに特化した製品の中には「医薬部外品」と表示されているものもあれば、「薬用化粧品」と目立つように表示されているものもあります。「薬用」とついているので医薬品に近いものではと誤解しがちですが、薬用化粧品も医薬部外品であり、変わりはありません。医薬部外品はサプリメントや栄養ドリンク、殺虫剤、生理用品など幅広い種類があります。そこで、化粧品と同じような使い方をしている製品は、「薬用化粧品」「薬用石けん」などと呼ばれているのです。

化粧品の成分表示ルール

化粧品は厚生労働省により配合成分を始めとする
表示内容が定められています。化粧品を正しく理解して
選ぶために、表示の読み方を知りましょう。

化粧品パッケージの読み方

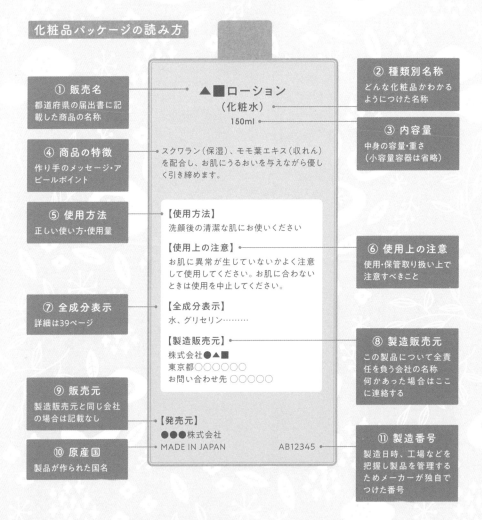

▲■ローション
（化粧水）
150ml

スクワラン（保湿）、モモ葉エキス（収れん）を配合し、お肌にうるおいを与えながら優しく引き締めます。

【使用方法】
洗顔後の清潔な肌にお使いください

【使用上の注意】
お肌に異常が生じていないかよく注意して使用してください。お肌に合わないときは使用を中止してください。

【全成分表示】
水、グリセリン………

【製造販売元】
株式会社●▲■
東京都○○○○○
お問い合わせ先 ○○○○○

【発売元】
●●●株式会社
MADE IN JAPAN   AB12345

---

① 販売名
都道府県の届出書に記載した商品の名称

② 種類別名称
どんな化粧品かわかるようにつけた名称

③ 内容量
中身の容量・重さ（小容量容器は省略）

④ 商品の特徴
作り手のメッセージ・アピールポイント

⑤ 使用方法
正しい使い方・使用量

⑥ 使用上の注意
使用・保管取り扱い上で注意すべきこと

⑦ 全成分表示
詳細は39ページ

⑧ 製造販売元
この製品について全責任を負う会社の名称
何かあった場合はここに連絡する

⑨ 販売元
製造販売元と同じ会社の場合は記載なし

⑩ 原産国
製品が作られた国名

⑪ 製造番号
製造日時、工場などを把握し製品を管理するためメーカーが独自でつけた番号

化粧品の成分表示ルール

- 配合量が多い順にすべて記載
- 配合濃度が1%以下の記載は順不同
- 着色料はまとめて末尾に記載
- 香料はひとまとめに記載してよい
- キャリーオーバー成分は記載不要

キャリーオーバーとは？

キャリーオーバーとは、製造過程で生成される不純物や品質保持のための添加物のうち製造工程で取り除けない微量成分で、メーカーが製品の品質や安全性に影響を及ぼさないと判断したもののこと。たとえば原料保存のために防腐剤や酸化防止剤が添加されているけれど、製品の品質に対しては機能しない場合、キャリーオーバーと判断されます。ただしホルマリンなどの強い毒性作用をもつ成分はキャリーオーバーでも含有は許されず、回収しなければなりません。

全成分表示例

【全成分表示】
水、BG、グリセリン、スクワラン、ヒアルロン酸、モモ葉エキス、ビワ葉エキス、リボフラビン、PPG-10メチルグルコース、コハク酸2Na、トコフェロール、メチルパラベン、香料、着色剤

全成分表示に存在する『1%ルール』

化粧品の成分は配合量が多い順に記載されていますが、配合濃度が1%以下の成分は順不同で記載されています。そのため、効果が高いとして知られている成分やイメージのよい植物成分は1%以下でも前方に、化学合成物質のイメージがある名称の成分は後方にまとめられがちです。ただし、全成分表示を見ただけで配合目的や配合量まではわからず、機能や効果や安全性などを見極めるのはとても難しいので、「全成分表示とはそういうもの」と理解しておくだけでよいでしょう。

医薬部外品の成分表示ルール

医薬部外品は種類が多いため、
化粧品のような全成分表示の義務はありません。
その代わり業界の自主基準として
「有効成分」と「その他の成分」を分けるのが原則です。
一例をあげて説明しましょう。

化粧品パッケージの読み方

医薬部外品

▲●▲エッセンス
150ml

シミ・ソバカスを防いでしっとり肌に!
美白ケア

メラニンの生成を抑えてシミ・ソバカスを防ぐ
美白有効成分*配合
うるおい成分(ヒアルロン酸)が角質を
しっとりと整え、滑らかな肌へと導きます

*L-アスコルビン酸2-グルコシド

【使用方法】
洗顔後、適量(500円玉大)を顔全体に
なじませてください。乾燥が気になる部
分は重ねづけがおすすめです。お肌に
異常が生じたときは使用を中止してくだ
さい。

【成分】
L-アスコルビン酸2-グルコシド*………

【製造販売元】
株式会社●▲■
東京都○○○○○○
お問い合わせ先 ○○○○○

MADE IN JAPAN

② 商品名
医薬部外品の場合、販
売名とは別に商品名を
入れる

③ 効果効能の明記
医薬部外品は効果効能
の訴求が認められてい
る。有効成分を強調す
るケースはよく見られる

⑤ 全成分表示
詳細は41ページ

① 医薬部外品の明記
どこでも構わないが必ず
医薬部外品と明記する

④ その他
使用方法など化粧品に
準じた表示をするメー
カーが多い

⑥ 販売名
都道府県への承認申請
書に記載した商品の名
称製造販売元、問い合
わせ先など化粧品の表
示に準じて記載する

医薬部外品の成分表示ルール

- 全成分表示の義務なし
- 「有効成分」と「その他の成分」を分けて記載するのが原則
- 先に「有効成分」を書く
- 「有効成分」には「*」をつけて記載する
- 予防・改善と表示できる

医薬部外品の表示はシンプル

医薬部外品の表示ルールは「有効成分とその他の成分を明確に分ける」ということのみ。化粧品のように全成分を表示する必要はありません。有効成分は成分表示の頭に記載され、「*」がついているため、欲しい効果を

もつ成分が入っているかどうかを見つけるのは簡単です。下の例では美白有効成分のL-アスコルビン酸2-グルコシドと血行促進作用のある有効成分酢酸DL-α-トコフェロールが配合されています。

医薬部外品の成分表示例

【全成分表示】
L-アスコルビン酸2-グルコシド*、酢酸DL-α-トコフェロール*、精製水、グリセリン、BG、DPG、ヒアルロン酸Na、ベタイン、プルラン、1,3-ブチレングリコール、メチルグルコシド、ユーカリエキス、キサンタンガム、リン酸2Na、無水エタノール、エデト酸塩、香料

手応えを求めるなら化粧品より医薬部外品を選ぶべき?

医薬部外品に比べて化粧品の効能は範囲が狭く、シミやシワといった肌悩みに対する有効成分も含まれていません。そのため、「化粧品より医薬部外品のほうが肌に対して効果的」と捉えられがちです。しかし、有効成分の有無や配合された成分の量だけでスキンケアの良しあしが決まるわけではありません。たとえば肌につけたときの

感触や香り、ボトルやパッケージのデザイン、あるいはメーカーに対する信頼感など、さまざまな要素によって使用中の心地よさが仕上がり満足度が高まります。それにより心身に好影響を及ぼし、スキンケア効果を上げることもあるのです。ただし、一般的にいうなら医薬部外品のほうが効果に対する信頼度が高いことも事実です。

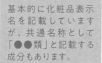

成分ページの読み方

美容成分について解説するページの見方を説明します。成分により、構成は若干変わります。

基本的に化粧品表示名を記載していますが、共通名称として「●●類」と記載する成分もあります。

医薬部外品表示名／医薬部外品表示名が化粧品表示名と異なる場合で、知っておいた方が良いものを記載しています。
別称／正式名称ではないものの一般的に流通している名称です。
化粧品表示名／「●●類」と記載された成分のうち、代表的な化粧品成分名を記載しています。

美容成分格付け（10ページ）で紹介した成分は、アイコンを表示しています。

成分の働きや分類を記載しています。

●●類とした化粧品成分の種類や美容クリニックでの使われ方、使用上の注意点など、化粧品成分に関連する情報を記載しています。

化粧品成分の由来を記載しています。

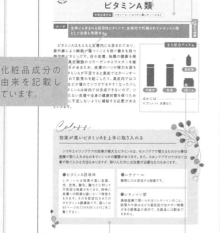

化粧品成分に関連する情報をまとめています。

配合されている主なスキンケア製品をアイコンで記載しています。スキンケア製品以外のものは「ほかには」記載しています。

監修者からの化粧品成分に関連する情報、こぼれ話、読者に対するメッセージなどをコラムとして掲載しています。

注意！

● 化粧品成分は重要度が高いものから掲載しており、五十音順ではありません（植物由来成分を除く）。
● 特定の化粧品成分を調べたいときは247ページの「美容成分索引」からの検索が便利です。
● 本書は化粧品を理解するための本であり、あらゆる化粧品成分が掲載されているわけではありません。本書では科学的、あるいは通俗的にいわれている内容から知っておいた方がよいものを選んで書いています。

本書に登場する化学記号

Na…ナトリウム	Ca…カルシウム
Mg…マグネシウム	α…アルファ
K…カリウム	β…ベータ
Al…アルミニウム	

Part 2

ベース成分

化粧品にはさまざまな成分が
配合されていますが、
ほぼすべてのアイテムに共通するのが
ベース成分。
代表的な成分を説明します。

美容成分
①

化粧品の骨格を決める

ベース成分

化粧品の基本は水性成分・油性成分・界面活性剤の3つ

化粧品に配合される成分は役割ごとに「ベース成分」「効果を引き出す成分」「品質保持成分」などに分類できます。それらの成分の中で配合機会がもっとも多いものが「ベース成分」と呼ばれるものです。ベース成分は水に溶けやすい「水性成分」、水に溶けにくい「油性成分」、2つを混ぜ合わせて乳化させる「界面活性剤」に分類できます。同じ成分を配合した化粧品でも、ベース成分に水性成分を多くすれば化粧水、油性成分と界面活性剤を配合すれば乳液やクリームになるなど化粧品の形状はベース成分で決まります。つまり、何を選ぶか、どんなバランスにするかによって化粧品の形状と個性は決まるため、ベース成分の影響はとても大きいのです。

化粧品ごとのベース成分バランス

多くの化粧品は「水性成分・油性成分・界面活性剤」を組み合わせ、さらに「効果を引き出す成分」などを配合して完成しています。以下に化粧品の種類別の成分の配合バランスを記しました。あくまでもイメージですが、ベース成分の役割が理解できるのではないでしょうか。

化粧水	乳液・クリーム	石けん
ほとんどが水性成分。成分の種類によってしっとり・さっぱりなど感触に違いが出る。	両方とも油性成分が多く含まれ、乳化させるための界面活性剤が配合される。	洗浄のため配合される界面活性剤の種類などで固形、クリーム状、粉状などさまざまな形状に。

水性成分・油性成分・界面活性剤の特徴と役割

化粧品の形状を決めるベース成分はそれぞれ性質があり、配合する目的も異なります。まずは3つの成分の特徴と役割を理解しましょう。

水性成分　皮膚にうるおいを与え、各成分を浸透しやすくする

水または水に溶けやすい性質をもつのが水性成分です。皮膚を柔らかくして成分の浸透を高める、皮膚にうるおいを与える役割のほか、クレンジングや洗顔料に配合される場合は皮膚の汚れを落とす役割をもちます。水性成分は3種類あり、もっとも配合量が多い「水」、化粧品の感触を決める「エタノール」、「水性保湿成分」があります。水性保湿成分については67ページで詳しく説明します。

- 水……精製水、温泉水、海水、植物蒸留水など製品によってさまざま
- エタノール……さっぱりとした感触をもたらすために配合される
- 水性保湿成分……グリセリン、BG、DPG、PGなど。しっとりとした感触をもたらす

油性成分　皮膚を保護し、柔らかく整える

油に溶けやすく、水をはじく性質をもつのが油性成分。皮膚表面に薄い膜をつくって乾燥や刺激から守るほか、角層を柔軟にさせる性質があります。液体状のもの、半固形のもの、固形のものとさまざまな形状があり、種類も豊富です。

- 炭化水素……ミネラルオイル、ワセリン、スクワランなど。液状で乳化しやすい
- 油脂類・ロウ類……ホホバ種子油、オリーブ油、ミツロウなど。固めの感触
- シリコーンオイル……ジメチコン、シクロペンタシロキサンなど。撥水性がある
- エステル油……パルミチン酸エチルヘキシルなど。安定性が高い
- 高級脂肪酸……ラウリン酸、ステアリン酸など。アルカリと中和させて使う

界面活性剤　水性成分と油性成分を結びつける

水と油は本来決して混ざり合うことがありません。「水」と「油」の境目(界面)をつないで混ぜ合わせるのが界面活性剤の役割です。この「乳化」という働きは化粧品をつくる上で欠かせません。このほかにも皮膚や髪の汚れを落とす働きもあります。界面活性剤は電気を帯びる性質があり、4つに分類されます。しかし、一般的な特徴は下記のとおり多種多様です。

- 陽イオン界面活性剤……殺菌力、柔軟効果が高い
- 陰イオン界面活性剤……洗浄力が高く、泡立ちがよい
- 非イオン(ノニオン)性界面活性剤……皮膚への刺激が穏やか
- 両性イオン界面活性剤……低刺激性の洗浄補助成分

ほとんどの化粧品に含まれる美容成分の代表

水

医薬部外品表示名	精製水など

ルーツ 花を蒸気蒸留した植物蒸留水、海水や温泉水などの天然水が使われることもある。

健康な皮膚を保つスキンケアの基本である水分補給を担うのが水。ほとんどの化粧品でもっとも配合されることが多い成分です。水は皮膚にうるおいを与えるだけでなく、半固形、固形の成分を溶かすための溶剤としての役割も果たします。もっともよく使われているのは不純物を取り除いた精製水ですが、製品の個性を出すため、植物蒸留水や海水、温泉水も使われています。植物蒸留水はほのかな香りもあるため、リラクセーション効果やストレスケア効果も期待できます。

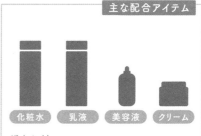

主な配合アイテム

化粧水　乳液　美容液　クリーム

ほかには
ボディケア製品やヘアケア製品を含むほとんどの化粧品に配合されている。

化粧水からクリームまで幅広く配合

グリセリン

ルーツ 化学的に合成されたグリセリンもあるが、化粧品ではヤシ油やパーム油など天然の油脂を原料とした天然グリセリンが増えてきた。

無色でややとろみのついた粘性のある液体。外部から水分を取り込んで吸着する吸水性に加え、水分の蒸発を防ぐ働きもあります。保湿効果を加えるために化粧水からクリームまで幅広く配合されます。そのため、保湿成分として分類されることも多くあります。皮膚へのなじみをよくする、感触を調整するといった役割もあり、利便性の高い成分といえます。分子が細かいため、角層まで保湿し、皮膚のバリア機能を高める働きがあります。

主な配合アイテム

化粧水　乳液　美容液　クリーム

ほかには
保湿剤だけでなく柔軟剤としても配合され、ボディケア製品やヘアケア製品など多岐にわたる。

さまざまな化粧品にさっぱり感をもたらす

エタノール

ルーツ 穀類などのデンプンからつくられたものと、化学的に合成されてつくられたものがあるが両方とも働きは同じ。アルコール70%以上は、殺菌・消毒にも使われる。

エタノールは酒にも含まれるエチルアルコールのことで、別名「酒精」とも呼ばれます。無色透明の揮発性の液体で、さまざまな成分を溶かす作用にすぐれ、化粧品に使われます。皮膚を引き締める「収れん」効果、皮脂などの汚れをと落とす「洗浄」効果、さっぱりとした使い心地を与える「清涼」効果などさまざまな効果を期待して配合されます。また、防腐作用があるため品質保持を目的に配合されるなど幅広く使われています。

主な配合アイテム

化粧水 / メイク落とし

ほかには
ヘアトニック、デオドラント製品など。

保湿性にすぐれ、ほかの成分となじみやすい

DPG

別　称 ジプロピレングリコール

ルーツ プロピレングリコール（PG）の2個を脱水縮合で結合させた成分。

DPGは多価アルコールの一種で無色透明の粘性のある液体です。グリセリンと同じく保湿成分としても使われますが、ベタつきが少なく比較的さらっとした感触を与えます。さまざまな保湿成分と組み合わせて配合し、相乗効果が高まることが期待されます。BG（48ページ）よりも刺激が少ないため、敏感皮膚用の化粧品に配合されることもあります。

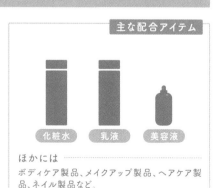

主な配合アイテム

化粧水 / 乳液 / 美容液

ほかには
ボディケア製品、メイクアップ製品、ヘアケア製品、ネイル製品など。

保湿力も高い水性成分

BG

医薬部外品表示名	1,3-ブチレングリコール

ルーツ 2個のヒドロキシ基が結合した二価アルコール。

BGは無色透明のやや粘性のある液体で、グリセリンと同じように吸湿性があるため保湿成分としても広く使われています。そのため、グリセリンと同じように幅広く化粧品に配合される成分です。また、BGは静菌作用という菌が育ちにくい環境をつくる働きがあることから、少ない防腐剤で製品の品質を保つために配合されることも多くあります。さらに、植物エキスの溶媒としても用いられています。「保湿」「静菌」「溶剤」という働きを目的に、さまざまな用途で使われています。

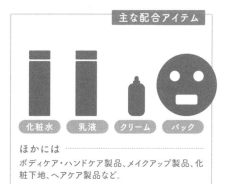

主な配合アイテム

化粧水　乳液　クリーム　パック

ほかには
ボディケア・ハンドケア製品、メイクアップ製品、化粧下地、ヘアケア製品など。

吸湿性・保水性が高く用途はさまざま

PEG類

化粧品表示名	PEG-6,8,20 など	別　称	ポリエチレングリコール

ルーツ エチレングリコールが重合した構造をもつ石油由来の化合物。

PEGはヒモ状に長い形をした水溶性の化合物で、「PEG-6、PEG-8……」のように成分名のあとに数字をつけて表示されます。この数字が大きいほど分子量が大きく、ヒモが長くなり、形状はペースト状、固形になります。数字が小さいほど水やエタノールに溶けやすい液状になります。製品の水分を調整したり、乳化させたりするほか、ほかの成分を溶け込ませるために配合されます。皮膚につけると皮膚表面に保護膜をつくり、水分の蒸発を防いでくれます。

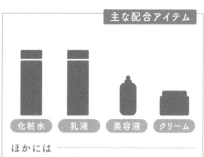

主な配合アイテム

化粧水　乳液　美容液　クリーム

ほかには
ヘアケア製品やメイクアップ製品などのほか、医薬品の添加物としても配合されている。

皮膚から水分が逃げるのを防ぐ

ジグリセリン

ルーツ グリセリン2個を脱水縮合で結合させた成分。

ジグセリンの「ジ」とはギリシア数字で「2」のこと。その名のとおりグリセリンが2個つながった無色透明で粘性のある成分です。グリセリンに近い性質をもちますが、ベタつきが少なく保湿効果にすぐれ、しっとりとした感触が得られるため多くの化粧品に配合されています。また、成分としての安全性が高いため、敏感皮膚用の化粧品にも配合されます。手作り化粧品の保湿成分としてもよく使われています。

主な配合アイテム

化粧水　乳液　美容液　クリーム　マスク

ほかには

メイクアップ製品やヘアケア製品、ハンドケア製品、ボディケア製品など。

さらっとした質感と保湿性を両立

ペンチレングリコール

医薬部外品表示名 1,2-ペンタンジオール

ルーツ 多価アルコールの一種であり、酸化プロピレンから生産される。サトウキビ由来のものもある。

無色透明の吸収性がある液体で保湿の役割を期待して化粧品に配合されている水性成分です。保湿性はあるもののグリセリンと比較して使用感がさらっとしており、ベタつき感はありません。製品の保存性を高める効果があるため、防腐剤を使わない化粧品に配合されることが多いのも特徴です。また、表皮の雑菌を抑える抗菌力も期待されています。大人より雑菌に対して注意が必要な幼児や赤ちゃん向けの製品に使用されることも多く、安全性の高い成分です。

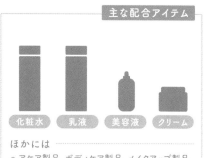

主な配合アイテム

化粧水　乳液　美容液　クリーム

ほかには

ヘアケア製品、ボディケア製品、メイクアップ製品、入浴剤など幅広く使われる。

低刺激で安全性の高いオイル

ミネラルオイル

| 別 称 | 流動パラフィン |

ルーツ　石油を蒸留、固形パラフィンを除去した上で精製してつくられる。

炭化水素

　低刺激で安定性が高く、乳化しやすいため数多くの化粧品に配合されます。皮膚の水分蒸発を防ぎ、柔軟に整える効果にすぐれているため多くのスキンケア化粧品に配合されます。また、皮膚へ浸透しづらい特性があり、多くのメイクアップ製品とのなじみがよいためクレンジング剤に配合されています。ミネラルオイル＝鉱物油は石油原料のため皮膚によくないイメージがありますが、安全性・安定性は高く古くから利用されている成分です。

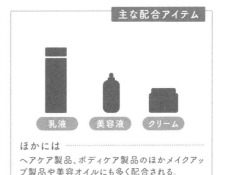

主な配合アイテム

乳液　美容液　クリーム

ほかには
ヘアケア製品、ボディケア製品のほかメイクアップ製品や美容オイルにも多く配合される。

主流は植物性！安全性が高く敏感肌にも

スクワラン

| 医薬部外品表示名 | 植物性スクワラン、合成スクワラン、シュガースクワラン |

炭化水素

ルーツ　深海ザメの肝臓に含まれる肝油から抽出された成分「スクワレン」に水素添加して酸化しづらくした液体オイル。最近は植物由来も増えた。

　かつてはサメ類から作られていましたが、近年は植物油を原料にしたものが多くなりました。無色透明の液体オイルで、皮膚に対する浸透性が高く、ベタつき感が少ないのが特徴です。さっぱりとした使用感なので、幅広い化粧品に配合されています。化学物質であるイソプレンを原料とする合成スクワラン、オリーブ油、コメヌカ油など植物油を原料とする植物性スクワラン、サトウキビを原料としたシュガースクワランがありますが、成分としては同じものです。

主な配合アイテム

乳液　美容液　クリーム　美容オイル

ほかには
ヘアケア製品、メイクアップ製品、医薬品の添加物などにも配合されている。

皮膚をしっかりコーティングし水分蒸発を防ぐ

ワセリン

別称 白色ワセリン、黄色ワセリン

炭化水素

ルーツ 石油から結晶成分など不純物を取り除き、精製したもの。精製・脱色したものを「白色ワセリン」という。

ワセリンは皮膚を強力に保護するとして40年以上使用の実績がある成分です。皮膚に塗布することで表面に油膜を張り、皮膚内部の水分が蒸発するのを防ぐと同時に外気の乾燥やホコリなどの刺激物から皮膚を守る効果があります。角層に浸透して内部からうるおいをもたらす成分ではありません。石油由来ですが、皮膚に刺激のある不純物が取り除かれているため低刺激で安全です。化粧品だけでなく医薬品にも用いられ、軟こうのベース成分として使われています。

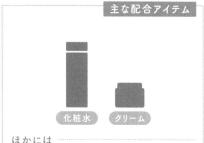

主な配合アイテム

化粧水　クリーム

ほかには
メイクアップ化粧品、ボディケア製品、入浴剤などのほか、医薬品添加物としても使われる。

メイクアップ化粧品の密着度を高める

水添ポリイソブテン

医薬部外品表示名 水素添加ポリブテン

炭化水素

ルーツ イソブテンとn-ブテンを共重合して水素添加したオイル。

分子の大きさにより多種類あり、それぞれの特性に合わせて使用されています。皮膚の表面で油膜をつくって製品の密着度を高めます。低分子のものはサラサラとした感触のオイルとして、高分子のものはメイクアップ化粧品のもちをよくする役割があります。

主な配合アイテム

クリーム　メイク落とし

ほかには
アイライナーや口紅などのメイクアップ製品、日焼け止め、化粧下地などに使われる。

化粧品の粘度を調節し「固さ」をもたらす

パラフィン

炭化水素

ルーツ 石油を精製して得られる固形の飽和炭化水素。

加熱したあとに冷却することで固形状になる性質を利用して粉体や顔料と混ぜ合わせてスティック状にするなど、メイクアップ化粧品に用いられます。クリームなどの固さを調節するなど、皮膚への感触をよくするためにも使われます。皮膚に塗布すると油膜をつくるため、水分蒸発を防ぐ働きがあり、さまざまな化粧品に使われています。

主な配合アイテム

クリーム

ほかには
スティック状、ペンシル状のメイクアップ製品、ファンデーションのほか、コーティング剤として食品や医薬品の添加物としても使われる。

さっぱりとした使用感の植物オイル

ホホバ種子油

別称 ホホバ油

ロウ類

ルーツ シムモンドシア科植物ホホバの種子から抽出した液状オイル。主成分は液状のワックスエステル。

北米原産のホホバは、保存食、皮膚治療薬、ヘアケア剤として利用されてきました。抽出したオイルは常温では液状のロウで、他の植物油と比べて油っぽさがなく感触がさっぱりとしています。熱や酸化に強く、皮膚にもなじみやすいためさまざまな化粧品に幅広く配合されています。皮膚にぴったりと密着するため皮膚の水分蒸発を防ぐ働きがあり、皮膚に柔らかさや滑らかさを与える効果が高いのも特徴です。オイル状の化粧品の感触をよくする役割もあります。

主な配合アイテム

美容液

洗顔料　化粧水　乳液　クリーム

ほかには
ボディケア製品、ヘアケア製品など全身に使え、幼児・乳児の肌ケアにも使われる。

ビタミンA、Eを含む美容オイル

オリーブ果実油

別称 オリーブ油

油脂類

ルーツ モクセイ科植物オリーブの熟した果実から採取したオイル。

地中海沿岸の南ヨーロッパを原産とするオリーブは古くから食用や薬用として使われてきました。脂肪酸組成でオレイン酸などの不飽和脂肪酸が多く、脂溶性ビタミンのビタミンAやビタミンE、ポリフェノールといった成分も含み、美容・健康効果が高いオイルです。皮膚を柔らかくする効果や水分を保持する効果にすぐれ、多くの化粧品に用いられています。

主な配合アイテム

洗顔料　化粧水　乳液　美容液

ほかには
ボディケア製品、ハンドケア製品などのほか、さまざまな医薬品添加剤として経口剤、外用剤に用いられている。

アンチエイジング成分として人気

アルガニアスピノサ核油

別称 アルガンオイル

油脂類

ルーツ 主にモロッコに生息する広葉樹アルガンの種子から採取されるオイル。

脂肪酸組成でオレイン酸を主成分とし、リノール酸も多く含みます。ビタミンEが豊富なためシワに対する効果が期待され、アンチエイジング化粧品に配合されることが多い成分です。油っぽさがなくさらっとした感触で皮膚になじみやすい特性があり、皮膚に油膜を張って水分蒸発を抑えます。この効果により皮膚を守る柔軟性や滑らかさを与えます。

主な配合アイテム

乳液　美容液　クリーム　美容オイル

ほかには
ヘアケア製品やボディケア・ハンドケア製品など全身のケアに幅広く使われている。

皮膚にしなやかさとツヤを与える

マカデミア種子油

医薬部外品表示名 マカデミアナッツ油

油脂類

ルーツ ヤマモガシ科植物マカデミアの種子から抽出した油脂。

脂肪酸組成が不飽和脂肪酸のオレイン酸と飽和脂肪酸のパルミチン酸の比率が多いのが特徴で、皮膚になじみやすく塗布した際には薄く広がりやすいオイルです。ベタつきが少なく、柔軟効果が持続します。皮膚の水分蒸発を抑え、乾燥を防ぐ目的でさまざまな化粧品に配合されます。皮膚への刺激がほとんどないため敏感肌にも使われます。

主な配合アイテム

洗顔料　乳液　クリーム

ほかには
シャンプーなどヘアケア製品、ボディケア・ハンドケア製品、ネイル製品など。

肌の上で溶けるバター状のオイル

シア脂

別称 シアバター

油脂類

ルーツ 中央アフリカに自生するアカテツ科植物のシアの果実から得られるオイル。

約90%がステアリン酸とオレイン酸で構成されている、酸化安定性にすぐれたオイルです。融点が28〜45度と低いため人の体温で溶けやすく、皮膚になじみやすいという特徴があります。滑らかでしっとりとした質感があり、水分保持効果が長く続きます。化粧品にコクを与える感触調整としての役割を目的に配合されることもあります。

主な配合アイテム

乳液　クリーム　メイク落とし

ほかには
ボディケア・ハンドケア製品など全身に用いられるほか、メイクアップ製品など。

古くから伝わる皮膚病の治療薬

馬　油

油脂類

ルーツ ウマ科動物ウマのたてがみ、尾の付け根、皮下脂肪層から得られる脂肪油。

馬の脂肪から得られるオイルです。人の脂肪酸組成と似た構成で皮膚になじみやすく、皮膚を保護する効果が高いのが特徴です。

滑らかに溶ける油性成分

ヤシ油

油脂類

ルーツ ヤシ科植物ココヤシの種子から得られるペースト状の植物油脂。

溶け始める温度（融点）が20〜28度で、硬さを調節しやすいのが特徴です。アブラヤシの果肉から得られる油はパーム油と呼びます。

食用ではベニバナ油

サフラワー油

油脂類

ルーツ キク科植物ベニバナの種子から得られる液状オイル。

不飽和脂肪酸のリノール酸、オレイン酸を主体とし、ベタつきにくいのが特徴です。水分蒸発を防ぎ柔軟性を与えます。

化粧品原料として用いられる天然素材

ミツロウ

別称 サラシミツロウ

油脂類

ルーツ ミツバチの巣から得られる白〜薄黄色の固体。油脂に溶ける。

古代エジプトからの歴史をもちます。ほかのオイル成分と組み合わせて配合し、形状や感触の調整に使われることが多い成分です。

もっとも代表的なシリコーンオイル

ジメチコン

医薬部外品表示名 メチルポリシロキサン、高重合メチルポリシロキサン

ルーツ メチルポリシロキサンとも呼ばれるシリコーンオイルの一種。

シリコーンオイル

滑らかに伸びる性質のベース成分として使われます。そのほか、強い撥水性を利用して耐水性の高い皮膜をつくる目的でも配合されるなどさまざまな使い方をされます。塗布すると「つるつる・すべすべ」といった質感が出るため、毛髪の手触りをよくするヘアケア製品、肌の凹凸をカバーする化粧下地などにも使われます。

主な配合アイテム

日焼け止め　化粧下地

ほかには
ヘアケア製品や唇のシワをカバーするリップケア製品や医薬品、医薬品添加剤としても使われる。

魚油、鯨油にも含まれる乳化安定剤

セタノール

ルーツ ヤシ油、牛脂から還元反応をさせてつくり出す白色・薄黄色の固形オイル。

高級アルコール類

肌になじんで皮膜をつくり、強力に水分蒸発を防ぎ、乾燥から守ります。ベタつかずさらっとした感触を与えるほか、石けんなどの洗浄製品に配合すると泡をキメ細かくし、洗浄剤の泡質を改善する効果があります。それと同時に洗ったときに皮脂の取りすぎを抑えるため、穏やかな使用感になります。

主な配合アイテム

乳液　クリーム　化粧下地

ほかには
ボディケア・ハンドケア製品やヘアケア製品に使われるほか、錠剤のコーティングなど医薬品添加物としても使われている。

コクのあるリッチな感触をもたらす

メドウフォーム油

ルーツ リムナンテス科植物メドウフォームの種子から得られる液状オイル。

油脂類

皮膚に対して柔らかくする柔軟効果や表面に保水性の膜を形成して水分蒸発を防ぐ効果があります。また、厚みやコクのある感触を与える目的でクリームなどに配合され、リッチな質感をもたらします。リップクリームや口紅など唇につける製品に配合することで、唇への付着性を高めます。

主な配合アイテム

乳液　クリーム　メイク落とし　マスク

ほかには
ヘアケア製品、ボディケア製品、ハンドケア製品などのほかネイル製品など。

油性成分を安定させて乳化させる

セテアリルアルコール

医薬部外品表示名 セトステアリルアルコール

ルーツ 化学合成された成分だが自然界においては鯨油などにも存在する。

高級アルコール類

セテアリルアルコールはセタノールと同じく高級アルコールの一種で常温ではロウ状の油性成分です。乳化安定作用にすぐれるため乳液やクリームに配合されることが多いほか、洗顔料など洗浄製品に加えることで泡のキメを細かくします。皮脂の取りすぎを抑えることから皮膚や毛髪の保護を兼ねて泡質を改善します。

主な配合アイテム

洗顔料　乳液　クリーム　メイク落とし

ほかには
ヘアスタイリング剤、ネイル製品など。

さらっとした感触で水に強い

シクロペンタシロキサン

医薬部外品表示名 デカメチルシクロペンタシロキサン

シリコーンオイル

ルーツ ケイ素と酸素を骨格とする化合物。シロキサンが環状に5個結合したもの。

粘度が低いのが特徴の成分で、ほかの成分となじみやすく、さらっとした感触をもたらします。そのため、化粧品の伸びをよくする作用があります。揮発性が高いためファンデーションなどの密着性を高め、軽くて崩れにくい仕上がりを実現する役割を果たします。スキンケア化粧品のほかメイクアップ製品にもよく使われます。

主な配合アイテム

化粧水　乳液　美容液　クリーム

ほかには
日焼け止め、ヘアケア製品、ボディケア・ハンドケア製品、ネイル製品など。

ほかの成分のよさを引き立てる脇役

パルミチン酸エチルヘキシル

医薬部外品表示名 パルミチン酸2-エチルヘキシル

エステル油

ルーツ パルミチン酸にエチルヘキサノールを結合させた合成の油性成分。

ベタつき感や油っぽさのない軽い使用感が特徴。ほかの油性成分やシリコーンと溶けやすく混ぜ合わせやすい性質があります。製品に滑らかでさらっとした感触を与えるため、感触改良成分として用いられることも多い成分です。つけたときの刺激が少なく、皮膚の水分蒸発を抑える効果もあり、多くの化粧品に配合されます。

主な配合アイテム

化粧水　乳液　クリーム　メイク落とし

ほかには
ボディケア・ハンドケア製品など全身に用いられるほか、メイクアップ化粧品など。

天然油脂と同じ構造を持ったエステル油

トリエチルヘキサノイン

医薬部外品表示名 トリ2-エルヘキサン酸グリセリル

エステル油

ルーツ 2-エチルヘキサン酸とグリセリンを結合したトリグリセリドで低粘性の液状オイル。

天然に存在する液状の油脂と同じ構造を持った合成の液状オイルです。天然の液状油脂よりも酸化しにくく安定性にすぐれているという特徴があり、産地や季節によって成分がぶれやすい天然油脂の代替に使われます。ベタつきや油っぽさが少なく、軽い感触で肌になじみやすい性質で保湿効果を期待して配合されます。

主な配合アイテム

洗顔料　化粧水　乳液　美容液

ほかには
メイクアップ化粧品、ボディケア製品、ヘアケア製品など。

メイクアップ化粧品をぴったりと密着させる

リンゴ酸ジイソステアリル

エステル油

ルーツ リンゴ酸とイソステアリルアルコールの化合物。

化粧品の滑らかさ、粘度、固さなどを調整して感触をよくするために配合されるほか、メイクアップ製品の色味や化粧膜を肌に密着させる目的で配合されます。紫外線吸収剤、香料など溶けにくい物質を溶かす効果があり、さらに皮膚や毛髪に油膜をつくり光沢をもたらすという働きもあります。安全性が高いため幅広い化粧品に配合されます。

主な配合アイテム

化粧水　乳液　クリーム

ほかには
メイクアップ化粧品、日焼け止めなど。

動物・植物油の内部に広く存在

ステアリン酸

ルーツ 牛脂、カカオ脂など固形の油脂に多く存在する脂肪酸。

高級脂肪酸

単独で化粧品に配合されるよりは、一般的には水酸化ナトリウムなどの強アルカリ性の成分と一緒に配合され、乳化のために界面活性剤として使われます。ほかには製品の伸びやすさに影響を与える成分としても利用されます。また、酸化チタン(紫外線吸収剤、着色剤)の表面を覆う作用を利用して、表面処理剤として使われることがあります。表面処理をした酸化チタンは油に分散しやすくなり、製品になじみやすくなります。

主な配合アイテム

洗顔料 ／ 化粧水 ／ 乳液 ／ クリーム

ほかには
化粧下地を含むメイクアップ製品、日焼け止めなど。

米からつくられる優しいオイル

コメヌカ油

別称 コメヌカ胚芽油

ルーツ イネ科植物のコメヌカから得られる液状の脂肪。

油性類

コメヌカを圧搾することで採れるコメヌカ油は脂肪酸組成で不飽和脂肪酸であるオレイン酸とリノール酸を主成分とし、トコフェロールを含むため抗酸化作用にすぐれます。皮膚の水分蒸発を防ぐとともに柔軟性と滑らかさを与える効果があります。乾燥から皮膚を守る効果を期待され、自然派化粧品によく使われています。食用の「米油」「米胚芽油」「玄米油」もコメヌカを原料としているためコメヌカ油といえますが、メーカーごとに抽出方法や製法に合わせて独自に名付けています。

主な配合アイテム

洗顔料 ／ 化粧水 ／ 乳液 ／ 美容液 ／ クリーム

ほかには
メイクアップ製品、ボディケア・ハンドケア製品、スタイリング剤を含むヘアケア製品、入浴剤など。

石けんなど洗浄製品として古くから活躍

ラウリン酸

> **ルーツ** 自然界ではパーム核油、ヤシ油などの液体油に広く存在している。

アルカリ性の成分と一緒に配合すると中和反応が起きて洗浄成分として使える高級脂肪酸アルカリ金属塩、いわゆる石けんができます（これを石けん合成といいます）。ラウリン酸はこの作用を利用して石けんや洗顔料などに使われることが多い成分です。泡立ちがよく、しかも泡が長もちし、洗浄力が高いのが特徴です。

主な配合アイテム

洗顔料

ほかには
ボディ用洗浄剤、シャンプーなど。

皮膚を柔らかく整え日焼け止めにも

安息香酸アルキルC12-15

医薬部外品表示名　高級アルコール（C12-15）安息香酸エステル

> **ルーツ** 芳香族カルボン酸とアルコールとのエステルの一種。

油性成分でありながら感触が柔らかく、使用感が軽いのが特徴です。特に親油性の有効成分や紫外線吸収剤などをよく溶かすことができるので、日焼け止めや化粧下地に使われます。また、屈折率が高い特性があるためメイクアップ製品に配合することで光沢のある質感を出します。スキンケア用化粧品にも配合されます。

主な配合アイテム

化粧水　乳液　化粧下地　日焼け止め

ほかには
口紅をはじめとするメイクアップ製品、ボディケア製品など。

ウォータープルーフメイクの立役者

アミノプロピルジメチコン

> **ルーツ** シリコーン成分のジメチコンの一部をアミノ変性シリコーンに置き換えた合成ポリマー。

水にも油にもなじまず、カバー力に強いことから汗や油でも落ちにくいマスカラ、アイシャドウ、ファンデーションなどウォータープルーフのメイクアップ製品に配合されます。ケラチンタンパク質との相性がよいシリコーンポリマーなので毛髪をコーティングしながらしなやかに保ち、ツヤを与える目的でヘアケア製品にも利用されます。

主な配合アイテム

美容液　メイク落とし

ほかには
マスカラ、アイシャドウ、口紅などのメイクアップ製品、日焼け止め、ヘアカラーなど。

液状から固体まで形状をもつオイル

パーム油

> **ルーツ** ヤシ科植物アブラヤシの果肉から得られる脂肪酸。

パーム油は世界でもっとも多く生産されている無色・無臭の植物油で、保湿力が高くさまざまな化粧品に使用されています。石けんに加えると泡をキメ細かくする性質があるためシャンプーなどに配合されます。

Column

パーム油とヤシ油は別物？

同じくヤシ科の植物パーム油はアブラヤシの果肉から、ヤシ油はココヤシの種子からと、種類も部位も異なります。

万能で安定したヘアコンディショニング成分

セトリモニウムクロリド

医薬部外品表示名 | 塩化セチルトリメチルアンモニウム

ルーツ | 4級カチオン(陽イオン)界面活性剤。

界面活性剤 陽イオン

セトリモニウムクロリドは+の電気をもっているため、−の電気を防ぐ作用があります。これを利用して、静電気(−)を防ぐ帯電防止剤としてヘアケア製品に配合されます。また、水に分散される特徴があるため、すすぎや乾燥後の摩擦を軽くし、毛髪のくしどおりや手触りがよくなります。ヘアケア製品にのみ使われる成分です。

主な配合アイテム

ヘアコンディショニング製品

ほかには
帯電防止用のヘアケア製品など。

ヘアケア製品のほかボディ用にも

ステアリルトリモニウムクロリド

医薬部外品表示名 | 塩化ステアリルトリメチルアンモニウム

ルーツ | 4級カチオン(陽イオン)界面活性剤。

界面活性剤 陽イオン

ステアリルトリモニウムクロリドは高級アルコールをはじめ、ほかの油性成分と混ぜ合わせることで相乗的なコンディショニング効果を発揮します。帯電防止、洗浄効果、弱い殺菌効果があるため、コンディショナーなどのヘアケア製品、ボディ用洗浄製品に使われています。毛髪に吸着してからみを除去して滑らかさを増す役割があります。

主な配合アイテム

ヘアコンディショニング製品 | ボディケア製品

ほかには
帯電防止用のヘアケア製品など。

帯電防止だけでなくコンディショニング効果も

ベヘントリモニウムクロリド

医薬部外品表示名 | 塩化アルキルトリメチルアンモニウム液

ルーツ | 4級アンモニウム塩をもつ塩化アルキルトリメチルアンモニウム。

界面活性剤 陽イオン

ベヘントリモニウムクロリドは帯電防止効果だけでなく、毛髪を柔らかく整える柔軟効果があるため、シャンプーやコンディショナー、トリートメントなどのヘアケア製品によく使われています。また、毛髪のダメージ部分に吸着し、疎水性(水と混じりにくい性質のこと)を復活させ、ダメージから毛髪を守る役割を果たします。

主な配合アイテム

ヘアコンディショニング製品

ほかには
帯電防止用のヘアケア製品など。

医療の現場では逆性石けんとして活躍

ベンザルコニウムクロリド

医薬部外品表示名 | 塩化ベンザルコニウム

ルーツ | 塩化アルキルベンジルジメチルアンモニウムの混合物。

界面活性剤 陽イオン

防腐・殺菌作用のほか皮膚常在菌の増殖を抑えて汗臭を抑制する作用があるため、シャンプーなどのヘアケア製品のほか、制汗剤などにも利用されます。医療の現場では毒性の低い殺菌剤として手指消毒に用いられ、逆性石けんと呼ばれています。また、皮膚表面の細菌の発育・活動を抑え、体臭を防ぐ殺菌剤にも配合されています。

主な配合アイテム

ボディソープ | ハンドケア | シャンプー

ほかには
メイク落しや制汗剤などデオドラント製品に配合される。

強い殺菌・抗カビ作用をもつ界面活性剤

セチルピリジニウムクロリド

`医薬部外品表示名` 塩化セチルピリジニウム

`ルーツ` 4級アンモニウム塩。 `陽イオン界面活性剤`

　セチルピリジニウムクロリドはほかの陽イオン界面活性剤と同様に帯電防止作用にすぐれるだけでなく、殺菌作用・抗カビ作用が強い性質がある上に安全性の高い界面活性剤です。そのため、マウスウォッシュなどの口腔ケア剤にも配合されています。除菌ウェットティッシュや赤ちゃんのおしり拭きに配合されることもあります。

`主な配合アイテム`

`帯電防止剤` `殺菌剤` `消臭剤`

ほかには
口腔ケア剤、ウェットティッシュ、おしり拭き、喉あめ、医薬品などのほか、トイレタリー関連の製品にも配合される。

微生物の発育を抑える

ベヘナミドプロピルジメチルアミン

`ルーツ` ベヘン酸とジアミンを縮合した3級アミドアミン。 `陽イオン界面活性剤`

　静電気(−)の発生を防ぐため帯電防止剤としてヘアケア剤に配合されます。この作用で毛髪の状態を改善してくしどおりをよくします。

アクネ菌の抑制しニキビにもアプローチ

ココイルアルギニンエチルPCA

`医薬部外品表示名` N-ヤシ油脂肪酸アシル-L-アルギニンエチル

`ルーツ` フェノールの誘導体。 `陽イオン界面活性剤`

　アミノ酸系陽イオン界面活性剤で、安全性が高いのが特徴です。高い抗菌効果をもつため、ニキビケア製品にも配合されます。

柔軟性を高める作用で乳液や美容液にも

ステアラミドプロピルジメチルアミン

`医薬部外品表示名` ステアリン酸ジメチルアミノプロピルアミド

`ルーツ` ステアリン酸とジメチルアミノプロピルアミンによってつくられる。 `陽イオン界面活性剤`

　酸で中和すると水溶性になり、すぐれた毛髪コンディショニング効果を発揮します。さらに皮膚や毛髪への刺激が少ないのも特徴です。主にトリートメントに配合され、帯電防止剤として作用するほか、柔軟性を高める作用があるため肌や毛髪をしなやかにする乳液、美容液、ヘアケア剤にも使われます。

`主な配合アイテム`

`ヘアケア帯電防止剤` `乳液` `美容液`

ほかには
メイク落とし、ヘアカラー、ヘアスタイリング、シャンプー、コンディショナーなどに使われる。

炭素数により用途に違いが

クオタニウム類

`化粧品表示名` クオタニウム(-14~96)

`ルーツ` 4級アンモニウムの誘導体炭素数(数字)によって種類が分かれる。 `陽イオン界面活性剤`

　クオタニウムは静電気を防止して髪に柔軟性を与える作用があるため、シャンプーやトリートメントなどヘアケア剤に使われます。毛髪の表面を覆うことでくしどおりのよいサラサラの質感を出すことができます。

`使用用途例`

クオタニウム-18、26、45、51、71……帯電防止
クオタニウム-22……帯電防止、皮膜形成剤、皮膚・ヘアコンディショニング
クオタニウム-33、70、75、80、82……帯電防止、ヘアコンディショニング
クオタニウム-52……帯電防止、洗浄、ヘアコンディショニング など

古くから使われている界面活性剤

石けん

医薬部外品表示名　石けん素地、カリ石けん素地

陰イオン界面活性剤

ルーツ　高級脂肪酸と水酸化ナトリウムまたは水酸化カリウムとの塩。

身体の洗浄に関して5000年以上の歴史があるとされます。石けんを合成する工程には高級脂肪酸と強アルカリ性の成分を反応させる「中和法」、油脂と強アルカリ性成分を反応させる「ケン化法」があり、アルカリの種類によって固形石けん（石けん素地）、液体石けん（カリ石けん素地）に分かれます。

石けんの表示名について

「石けん」の成分の表示方法は「石けん」（石けん素地、カリ石けん素地なども含む）とそのまま書くほか、成分名を列記する方法があります。代表的な成分は以下のとおりです。

イソステアリン酸K、ステアリン酸K、パーム核脂肪酸Na、パルミチン酸K、ミリスチン酸K、ヤシ脂肪酸K、ラウリン酸Kなど。

目にしみないためシャンプーにぴったり

ラウレス硫酸Na

医薬部外品表示名　ポリオキシエチレンラウリルエーテル硫酸ナトリウム

陰イオン界面活性剤

ルーツ　ポリオキシエチレンラウリルエーテル硫酸のナトリウム塩。

水によく溶けて、皮膚や目の粘膜に対する刺激がほとんどないため、シャンプーやボディ用洗浄剤に使われます。よく似た成分にラウリル硫酸Naがあります。ラウリル硫酸Naは脱脂力や洗浄力も強く刺激が強いという欠点がありました。ラウレス硫酸Naはラウリル硫酸Naの欠点を補うため、多くの化粧品に配合されるようになりました。

主な配合アイテム

洗顔料　シャンプー　ボディ用洗浄剤

ほかには
乳化剤や香料などの溶剤として使われることも。

角層になじみやすく低刺激

レシチン

医薬部外品表示名　大豆リン脂質、卵黄レシチン

非イオン界面活性剤

ルーツ　マメ科植物大豆、卵黄より抽出され主にリン脂質からなる原料。

リン脂質からなる脂質混合物のことを指し、大豆レシチン、卵黄レシチンと原料の種類により区別されています。角層になじみやすく、細胞間脂質と同様の性質をもち、保護効果にすぐれます。ラメラ構造やリポソーム構造（61ページ）をもっとも作りやすいリン脂質として活用されています。自然由来成分なのでナチュラル化粧品にも配合されます。

主な配合アイテム

化粧水　乳液　美容液　クリーム

ほかには
食品の乳化剤、医薬品添加剤としても使われる。

洗浄効果とリンス効果の両方をもつ

コカミドプロピルベタイン

医薬部外品表示名　ヤシ油脂肪酸アミドプロピルベタイン液

両性イオン界面活性剤

ルーツ　脂肪酸とジメチルプロピレンジアミンから合成してつくられたもの。

石けんなど陰イオン界面活性剤と併用することで洗浄性や発泡性を発揮する成分で、洗浄効果とリンス効果を併せもつのが特徴です。そのため、リンスインシャンプーに代表されるトリートメント効果の高い洗浄製品に配合されます。キメの細かいクリーミーな泡をつくるほか、陰イオン界面活性剤の粘度を高める働きをします。

主な配合アイテム

洗顔料　メイク落とし

ほかには
シャンプー、ヘアコンディショニング剤、入浴剤など。

刺激の少ない界面活性剤

ステアリン酸グリセリル

医薬部外品表示名 自己乳化型モノステアリン酸グリセリル

ルーツ グリセリンにステアリン酸を反応させてつくられる。

非イオン界面活性剤

　古くから使用される乳化剤です。結晶しやすく粘性が変化しやすいため、ほかの乳化剤や乳化安定剤を併用することで安定性を保っています。香料や微量の油を透明の化粧水に配合するための可溶化剤としても使われます。ヤシ油やパーム油などから得られる成分を化学合成した成分のため安全性が高く、医薬品や食品にも用いられます。

主な配合アイテム

洗顔料　化粧水　乳液　美容液

クリーム　メイク落とし

ほかには
乳化などを目的に医薬品添加物として外用薬に用いられる。

安定した乳化効果でよく使われる

ポリソルベート類

表示名 ポリソルベート-20,60,65,80,85

ルーツ 高級脂肪酸にソルビタン、ポリエチレングリコールをつなぎ合わせた成分。

非イオン界面活性剤

　ポリソルビタン脂肪酸エステルともいい、1930年代にアメリカで開発された食品添加物です。安定性が高いため多くの化粧品に配合されます。有効成分だけでなく、色素、香料など水に溶けにくい物質も溶けやすくさせるため、メイクアップ化粧品にも配合されます。数字が低いほど水に近く、高いほど油に近い性質になります。

ポリソルベートの種類

● ポリソルベート-20…主にラウリン酸を結合させた物質でポリソルベートの中でもっとも水によく溶ける。
● ポリソルベート-60…主にステアリン酸およびラウリン酸を結合させたもの。化粧品だけでなく医薬品にも使われる。
● ポリソルベート-80…主にオレイン酸を結合させたもの。水に溶けやすく、香料や色素を溶かす目的で配合される。
● ポリソルベート-85…水に溶けやすく、水で洗い流せるメイク落とし製品に配合される。

Column

ラメラ構造、リポソーム構造とは？

化粧品の説明で目にする
「ラメラ構造」や「リポソーム構造」という
言葉を説明しましょう。

ラメラ構造

角層内細胞同士の間を埋める細胞間脂質の内部は水と油が重なって存在しています。このような層状の構造をラメラ構造といい、皮膚の水分蒸発を防いでいます。

リポソーム

リン酸などの脂質二重層をもつ球形の小胞で、細胞膜や生体膜と同じ構造の膜からつくられています。化粧品では多重層球形のものや、一重層球形のものがあり、皮膚に塗布することでラメラ構造を維持する効果が期待できます。

角層内部でリポソーム構造をつくって保湿

水添レシチン

医薬部外品表示名 水素添加ダイズリン脂質、水素添加卵黄レシチン

ルーツ 水素添加大豆リン脂質、水素添加卵黄レシチン。

両性イオン界面活性剤

　酸化しやすいレシチンに水素を添加して酸化安定性を高めた成分です。角層の細胞間脂質まで浸透することができるので、ほかの美容成分の浸透性を高めるリポソーム構造をつくる働きがあり、保湿効果にすぐれています。乾燥による肌荒れを防いで柔軟に整える役割で化粧品に配合されます。刺激が少なく敏感肌にも適した成分です。

主な配合アイテム

化粧水　乳液　美容液　クリーム

ほかには
ハンドケア・ボディケア製品など保湿を目的とした製品などに使われる。

乳化作用にすぐれる優しい成分

PEG水添ヒマシ油類

化粧品表示名 PEG-10,C40,50,100水添ヒマシ油 など

ルーツ 水添ヒマシ油に酸化エチレンを付加重合したもの。

非イオン界面活性剤

　トウゴマという植物の種子から抽出されるヒマシ油を加工したものです。数字が小さいほど親油性があり粘性の液体形状に、大きいほど親水性があり固形の形状になることを示します。乳化や可溶化の効果があり、乳液やクリームなどのスキンケア製品に配合されます。皮膚への刺激が少ないため、敏感肌用の製品にも使われます。

主な配合アイテム

洗顔料　化粧水　乳液　美容液

ほかには
クリーム、赤ちゃんのおしり拭きにも使われる。

しっとりとした感触をもたらす

ラウレス類

化粧品表示名 ラウレス-4,7,21,23,30 など

ルーツ ラウリルアルコールに酸化エチレンをエーテル結合して得られたもの。

非イオン界面活性剤

　形状は白色から薄黄色の透明な液体からロウ状、ワセリン状とさまざま。数字が小さいほど親油性が高く液状に、大きいほど親水性が高く固形状になります。酸やアルカリ、加水分解に対して影響を受けにくい性質をもっています。ほかの乳化成分と組み合わせて乳化製品や洗浄製品に配合されるなど幅広く用いられています。

主な配合アイテム

洗顔料　化粧水　乳液　美容液

ほかには
ラウレス-30は親水性乳化剤としてアイメイクアップ製品に使われる。

透明の化粧水に成分を配合させる

高級脂肪酸PEGグリセリル類

化粧品表示名 イソステアリン酸PEG-20グリセリル など

ルーツ 高級脂肪酸とポリエチレングリコール、グリセリンから成り立つ成分。

非イオン界面活性剤

　油性成分の高級脂肪酸に水性成分のグリセリンをつなぎ合わせた成分です。高級脂肪酸とは分子の中に炭素を12個以上もっている脂肪酸のことです。高級脂肪酸は油性成分として肌や毛髪を柔らかくする、石けんの原料とする、クリームや乳液をつくるときの乳化剤として用いるなどの目的で配合されます。

主な配合アイテム

化粧水　乳液　クリーム　メイク落とし

ほかには
ヘアスタリング製品などにも使われる。

界面活性剤は
肌に悪いと思っていませんか?

インターネットで「界面活性剤」を検索すると、「肌に悪い」という言葉が上位に出てくることがあります。「毒性」「催奇性」という言葉まで出てくることもあり、怖くなりますよね。

そうした記事の多くに登場するのが「界面活性剤は『石油系』『アミノ酸系』『植物系』に分類でき、『石油系』は洗浄力・脱脂力が強すぎるので避けるべき」という説です。

界面活性剤はこの3つに分類することはできますし、石油系界面活性剤は洗浄力が強いものが多いのも事実。洗浄力が強ければ脱脂力が強くなるということも間違いではありません。だからといって「石油系界面活性剤は皮膚にとって有害」というのは「濡れ衣」だと強調したいのです。

たとえば塩が適量なら料理を美味しくしてくれますが、大量に入れれば食べられなくなります。だからといって塩は有害だから使ってはならない、とはいいません。

石油系界面活性剤も同じこと。目的に合わせて種類を選び、配合量の調整とほかの成分の組み合わせで皮膚に目的の効果をもたらしてくれるのです。このように、たとえ作用が強い成分でも「皮膚に害・美容の敵」と

いい切ることはできません。美容成分に対して「作用が強い・弱い」「皮膚に対してよい・悪い」と分類するのは明快かもしれません。しかし、重要なのは配合量と組み合わせ。処方次第なのです。

肌に優しいイメージがある「アミノ酸系」「植物系」などの界面活性剤は、洗浄力の強さも幅があり一概に洗浄力が弱いとはいい切れません。しかし、実際には洗浄力の弱いものが多いのは事実です。その結果、汚れが落ちにくいからとゴシゴシこすって洗ったり、何度も繰り返し洗ったりして皮膚の保湿成分や皮脂成分も洗い流されて、結果的に乾燥肌を引き起こしがちです。

界面活性剤は化粧品成分の中でも「肌に悪い・避けるべき」といわれることが多いのですが、界面活性剤がなければ乳液やクリームなどの乳化化粧品はできませんし、粉体を均一に分散させたファンデーションなどもできません。化粧品の機能を発揮させるために、安全性を考えて、適切に使われていることを信頼してください。すべての化粧品にいえることですが、成分の特性を正しく理解してほしいと願うばかりです。

名　称	親水基の性質	特　徴	表示名の特徴	主な用途
陽イオン 界面活性剤 (カチオン)	陽(＋)イオン	静電気(－の電気)と結合して静電気を防ぐ殺菌作用をもつことも	成分名の最後が「～クロリド」「～ブロミド」「～アミン」	◉帯電防止剤 ◉殺菌剤
陰イオン 界面活性剤 (アニオン)	陰(－)イオン	油とも混ざるが水によく溶ける。「石けん」が含まれる	成分名の最後が「～酸Na」「～酸K」「～酸TEA」「～タウリンNa」「～タウリンK」	◉洗浄剤 ◉乳化剤
両性イオン 界面活性剤 (アンホ)	pHによって－イオンになったり＋イオンになったりする	pHによって異なる特徴が出る	成分名の最後が「～ベタイン」「～オキシド」	◉洗浄助剤 ◉殺菌剤 ◉乳化助剤
非イオン 界面活性剤 (ノニオン)	イオン化しない	水と油を長時間混ざった状態にしておくことができる	成分名が「ポリソルベート」で始まる。成分名の最後が「～ソルビタン」を含み「～グリセリル」で終わる	◉乳化剤

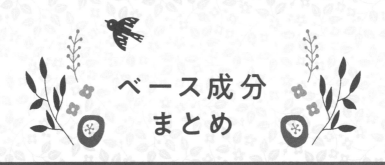

ベース成分
まとめ

化粧品は「水性成分」「油性成分」「界面活性剤」
の3つをベースにできています。
それぞれのベース成分の特徴や働きを知れば化粧品の個性が見えてきます。

水性成分

種類によって化粧品の感触に違いが生まれる

水に溶けやすく、油に溶けにくいのが水性成分。配合量が多いほど化粧品が液状になります。しっとりとしたものからさっぱりとしたものまで、成分の種類により感触はさまざま。皮膚の状態に合わせて選ぶとよいでしょう。代表的な水性成分はグリセリン、BGです。

油性成分

皮膚の水分蒸発を抑えて乾燥を防ぐ

油に溶けやすく、水には溶けない油性成分は「炭化水素」「エステル油」「シリコーンオイル」「油脂類・ロウ類」「高級脂肪酸」があり、液状から固形状まで形状もさまざま。皮膚に油膜をつくって水分蒸発を防ぎ、柔軟に整える働きがあります。代表的な油性成分はミネラルオイル、ホホバ種子油、ジメチコン、スクワランです。

界面活性剤

化粧品になくてはならない存在

水性成分と油性成分をつなげて混ぜ合わせる役割を果たします。さまざまな洗浄剤や乳化剤にも含まれ、乳液やクリームだけでなく白濁したしっとりタイプの化粧水や洗顔料、ボディソープ、シャンプーなどに配合されます。洗浄力が強すぎると皮膚に対して刺激になりますが、弱すぎても汚れが落ちない、洗いすぎによる肌荒れを起こすなどトラブルの原因になります。機能と安全性を考えてつくられているので、必ず使用方法を守りましょう。

Part 3

効果を引き出す成分

乾燥やシワ、くすみなど、さまざまな
肌悩みに応える、効果を引き出す成分は
いわば製品の強みをつくり出す
武器のような存在です。
化粧品を選ぶ決め手になる成分を
肌悩みごとに説明します。

美容成分
②

スキンケアの基本＆美肌の決め手

保 湿

角層のうるおいが肌のバリア機能を高める

皮膚には外界からの刺激や異物の侵入、体内の水分が蒸発することを防ぐ角層バリア機能が備わっています。角層バリア機能は皮膚表面を覆う「皮脂膜」、角層細胞の中にある「NMF（天然保湿因子）」、角層細胞同士をつなぎとめる「細胞間脂質」という3つから構成され、バランスを保って肌を守っています。ところが

このバランスは外気の湿度などの環境や表皮の代謝、皮脂や汗の分泌状況などで変化しやすく、失われてしまうこともあります。こうなると刺激物質が角層を通過して皮膚細胞を傷めるなどしてシミやシワ、肌荒れといったトラブルが起こります。こうした事態を防ぎ、健全な角層バリアを維持するのが保湿ケアです。

皮膚のうるおいを保つ3つの仕組み

皮膚のうるおいは「皮脂膜」「NMF」「細胞間脂質」という3つの要素によって成り立ち、健康で美しい状態が保たれています。それぞれの働きを説明しましょう。

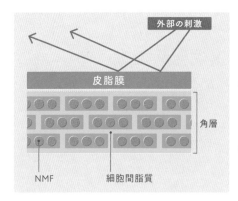

皮脂膜 皮膚の表面は皮脂腺から分泌された油性の皮脂と汗腺から分泌された水性の汗が混じり合ってできた皮脂膜で覆われています。皮脂膜により皮膚の内部から水分が蒸発するのを防ぎます。

NMF NMF（Natural Moisturizing Factor・天然保湿因子）とは角層細胞内を満たすように存在する物質で、水分を抱え込んで角層内部のうるおいを保ちます。いわば天然の美容液のようなものといえます。

細胞間脂質 角層細胞はシート状の細胞でミルフィーユの様な構造をつくっています。角層細胞の隙間を埋めている主な成分は細胞間脂質と呼ばれ、体内から保給される水分が蒸発するのを防いでいます。

保湿のメカニズム

　乾いたティッシュを水で濡らすと紙の繊維は水分を吸い込んで柔らかく膨らみますが、時間が経つと蒸発して硬く乾いた状態になります。しかし、決して最初の状態には戻ることはなく、本来ティッシュに含まれていた水分も蒸発し、元の状態以上にカサカサになってしまいます。

　皮膚も同じことがいえます。乾いた皮膚に水をつけると一瞬は濡れた状態になるものの、すぐに蒸発してしまい、皮膚内部までうるおうことはありません。そしてティッシュと同様に、濡らす前よりも乾いてしまう、つまり「肌がつっぱる」という状態になります。

　皮膚がうるおった状態を保つには、水を与えるだけでなく、皮膚が水分を保てるようさまざまな成分を配合した保湿化粧品が欠かせません。たとえば皮膚を柔らかな状態にして与えた水分を保持する機能、皮膚の上に油膜を張って水分が蒸発しないようにする水分蒸散抑制の機能は保湿化粧品に必要な条件です。

　一つのアイテムで保湿ケアが実現する製品もありますが、多くのメーカーで水分と油分、そして配合成分のバランスが異なる数種類の化粧品を重ねて使うことが推奨されています。これは製品によって役割が異なり、より確実に皮膚をうるおわせるためなのです。

　保湿は健康で美しい皮膚を保つために欠かせないスキンケアです。より効率的な保湿ケアができるよう、成分だけでなく化粧品の種類・役割も理解して使うようにしましょう。

主な保湿成分

保湿成分には主に角層に水分を与える役割の「水性保湿成分」と、肌表面に油分の膜を張り、水分の蒸発を防ぐ役割の「油性保湿成分」に分類できます。2つを組み合わせて使うことで、より効果的な保湿ケアができます。油性保湿成分とはベース成分で紹介したオイルです。

代表的な水性保湿成分
- グリセリン（46ページ）
- ヒアルロン酸類（68ページ）
- コラーゲン類（70ページ）
- PCA-Na（74ページ）
- アミノ酸類（77ページ）

代表的な油性保湿成分
- ミネラルオイル（50ページ）
- スクワラン（50ページ）
- ワセリン（51ページ）
- 植物油類（52〜53ページ）
- セラミド類（73ページ）

バツグンの保湿力を誇るスーパースター！

ヒアルロン酸類

| 化粧品表示名 | ヒアルロン酸、ヒアルロン酸Na | 医薬部外品表示名 | ヒアルロン酸ナトリウム |

ルーツ もともと体内にある物質で皮膚や目、関節に存在する。ニワトリのトサカから抽出されるほか、微生物による発酵法でも抽出される。

水性成分

わずか1グラムで6リットルもの水分をもつことができるすぐれた保水力がある代表的な保湿成分。皮膚の中にも存在し、真皮の主な構成であるコラーゲンとエラスチンの隙間を埋めて支える役割を果たしています。一般には「ヒアルロン酸」と呼ばれますが、化粧品の原料として用いられるのは「ヒアルロン酸Na」で、乾燥から肌を守る、キメの整った肌をキープするだけでなく、乾燥状態から回復するといった目的で配合されます。化粧水や美容液の使用感をよくする目的で使われることもあるなど幅広い目的で使用されています。

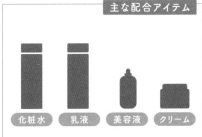

主な配合アイテム

化粧水　乳液　美容液　クリーム

ほかには

パック、洗顔料、ボディ用化粧品、シャンプーやコンディショナーなどのヘアケア製品、サプリメント、ドリンクなど。

Column

体内のヒアルロン酸は年齢とともに減少

私たちの体内にあるヒアルロン酸は、肌のみずみずしさだけでなく関節のしなやかさをキープしてくれています。しかしその量は20歳を境に減少していき、30歳では約70％、50歳は約40％、60歳になると25％しか生成できなくなります。ある程度の年齢からさまざまな方法で補うことを心がけましょう。

出典：Longes MO.et al.:Evidence for structual changes in dermatan Sulfate and hyaluronicacid with aging. Carbo-hydr.Res. 1987;159:127~136

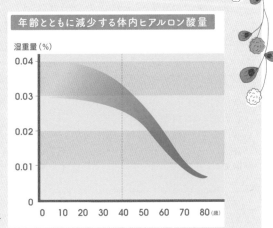

年齢とともに減少する体内ヒアルロン酸量

湿重量（%）

0.04

0.03

0.02

0.01

0

0　10　20　30　40　50　60　70　80 (歳)

ヒアルロン酸の種類

ヒアルロン酸Na

分子が大きいため肌表面にとどまってうるおいをキープしてくれる。一般的に「ヒアルロン酸」といえばこの成分を指す。

アセチルヒアルロン酸Na

ヒアルロン酸Naに親油性をプラスしたもの。皮膚や毛髪になじみやすく「スーパーヒアルロン酸」と呼ばれることも。

加水分解ヒアルロン酸

ヒアルロン酸をオリゴ糖のサイズまで小さく分解したもの。角層への浸透が高いため「浸透型ヒアルロン酸」とも呼ばれる。

at hospital

ハリやシワの改善を目的に行われるヒアルロン酸注射。もともと体内に存在する成分のため害は少ないが、すぐに吸収されてしまい効果が一定期間しか続かないというデメリットも。効果を持続させるため、特殊な加工がされたヒアルロン酸が使われる。

その他の役割

膝の潤滑剤

衝撃に対するクッションや関節の潤滑剤のほか、関節の炎症緩和剤として使われている。

目のうるおいをキープ

目薬に配合されるほか、白内障手術の際には眼球保護にも使用される。

保湿

＼ OKABE's EYE ／

〜原液と手作り化粧品

　インターネットやドラッグストアで見かける「〜原液」。100％美容成分しか入っていないように思えますが、多くの美容成分の原料は粉末なので「原液」として呼ばれる商品のほとんどは水で溶かした化粧品原料として流通しているものです。確かに高濃度ですが、通常の化粧品と異なり、浸透させる成分や感触をよくする成分が配合されていません。そのため使用感が悪いということも起こりがちです。また、「原液」は防腐剤が添加されていないものも多く、変質・劣化の危険性があることを忘れてはなりません。

　こうした原液を使って化粧品を手作りする人もいるようです。手作り化粧品を愛好する人は、防腐剤や酸化防止剤が入っていないから安全、ということをよくいうようですが、防腐剤や酸化防止剤、キレート剤といった「その他の成分」（161ページ〜）は化粧品の品質を守るために不可欠な存在。もしこれらの成分がなかったら化粧品が雑菌によって汚染される、酸化するなどして劣化し、それが原因で皮膚に深刻なトラブルが出ることもあります。

　「肌によい成分」を混ぜ合わせればよい化粧品が出来上がるというものではなく、それどころか品質の劣化により皮膚に害を与えることもあるということは、多くの方に知っていただきたいと思います。

　それでも原液や手作り化粧品を試したいのなら、品質劣化を防ぐため、早めに使い切ること、冷蔵庫などに保存すること、ボトルのふたをしっかり閉めることなど、衛生管理を徹底することを心がけてください。

皮膚の表面にしなやかな膜をつくる最強ガードマン

コラーゲン類

| 化粧品表示名 | アテロコラーゲン、加水分解コラーゲンなど | 医薬部外品表示名 | サクシニルアテロコラーゲンなど |

ルーツ タンパク質の一種。化粧品に使われるのは豚の皮や魚のウロコから抽出されたもの。

水性成分

タンパク質の一種であるコラーゲンは人体を構成する要素の一つで、皮膚の土台となる真皮の約70~90%を形成し、ハリと弾力を保つ働きがあります。皮膚内部のコラーゲン量は年齢とともに減少し、シワやたるみの原因となります。美容成分としては保湿効果にすぐれ、皮膚の表面にしなやかな保護膜をつくって水分の蒸発を防ぐ役割を果たします。保水性の高い成分なので、化粧品に配合すると濃厚で滑らかな感触を与え、皮膚の上でのすべりをよくする効果があります。

主な配合アイテム

化粧水　乳液　美容液　クリーム

ほかには
洗顔料、日焼け止め、シャンプーなどのヘアケア製品、サプリメントにも。

コラーゲンの種類

アテロコラーゲン

コラーゲンの両端に存在するテロペプチドを酵素処理ではずし、皮膚へのなじみをよくした成分。

加水分解コラーゲン

分子の大きいコラーゲンの浸透力を高めるため、酸やアルカリ、酵素などで反応させ分子を小さくした成分。

水溶性コラーゲン

コラーゲンの構造を壊さず水溶性の部分のみ抽出し、低温で溶解して浸透力を高めた成分。

サクシニルアテロコラーゲン

アテロコラーゲンにコハク酸を加えてコラーゲン同士をくっつきにくくして保水性を高めた成分。

OKABE's EYE

コラーゲンを食べるとどうなる?

サプリメントやドリンクなどで「コラーゲン配合」と書いてある商品や、コラーゲンが多く含まれる食材がたくさんあります。「美肌に効果!」として販売され、期待する人も多いのかもしれませんが、結論からいえば食べたコラーゲンが皮膚のコラーゲンがそのまま使われることはありません。

口から入った食べ物は消化の段階でアミノ酸に分解され、体の各部位に運ばれます。コラーゲンも同じこと。ピンポイントで皮膚に効かせることはできません。美容のためにはバランスのよい食事が遠回りに見えてベストなのです。

糖　類

| 化粧品表示名 | エリスリトール、キシリトール、グルコース、ソルビトール、マルチトール、マンニトール、乳糖 など |

水性成分

保湿

| ルーツ | トウモロコシや砂糖を原料に合成されることが多い。 |

水とゆるく結合して、水分の蒸発を防ぐ働きがあり、保湿効果にすぐれています。化粧品ではグリセリンと並んでよく使われる保湿成分です。糖類はブドウ糖などの単糖類、調理でも使うショ糖などの二糖類、それらが結合した多糖類に分類できます。多糖類は親和性が高く保水性にすぐれる上、粘性が強く皮膚表面に膜をつくることで皮膚の水分を保ちます。また、分子が大きいことにより汚れを包み込んで洗浄する作用もあります。

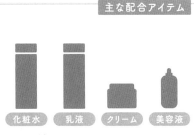

主な配合アイテム

化粧水　乳液　クリーム　美容液

ほかには
洗顔料、スクラブ剤、ピーリング化粧品、ヘアケア製品などにも。

糖類の種類

エリスリトール

保水、保潤、保湿調整などの役割で配合される。

キシリトール

角層に水分を与える働きがあり、冷涼感を兼ね備える。

グルコース

強力な保湿効果をもち、製品の水分蒸発を防ぐほか、粉体の結合剤としてメイクアップ化粧品にも配合される。

スクロース

いわゆるショ糖で、保水効果があるほか、固形石けんを透明にする、スクラブ剤とするなどの役割を果たす。

OKABE's EYE

甘味料として食品にも使われる

糖類はブドウ糖、キシリトール、ソルビトールなど食品などでも使われています。砂糖をこぼした跡がベタつくように、美容成分としての糖類にも粘度があるため、製品にとろりとした質感を加えるために配合されることがよくあります。

糖類と混同しがちなものに「糖質」がありますが、糖質は人にとってエネルギー源になるもので、三大栄養素のひとつでもある炭水化物の一部です（炭水化物とは食物繊維と糖質から成り立ちます）。そして糖類は糖質の一部を指す言葉で、一般的に甘い物を指す言葉と考えればよいでしょう。

71

杜氏の手の美しさから日本で発見された成分

ライスパワー®

化粧品表示名 | ライスパワーNo.6、ライスパワーNo.11、コメ発酵液

ルーツ | 白米から抽出したエキスを複数の乳酸菌や酵母、麹菌などの微生物で発酵・熟成することで得られる成分。

水性成分

ライスパワーは菌や酵母またはその他の美容成分などを用いて米からエキスを抽出し、発酵させたエキスの総称です。発酵に用いられた菌や微生物によって種類や効果効能が異なり、成分名のあとに「No.●」と数字がつけられて表示され、13の種類があります。よく知られているものにライスパワーNo.6とライスパワーNo.11があります。それぞれ皮脂分泌抑制、バリア機能修復作用といった異なる働きをもち、医薬部外品有効成分として認定されています。

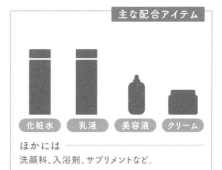

主な配合アイテム

化粧水　乳液　美容液　クリーム

ほかには
洗顔料、入浴剤、サプリメントなど。

ライスパワーの種類

ライスパワーNo.1 | 皮膚の保水力を高め、表皮を健やかに保つ。

ライスパワーNo.1-E | 髪の表面を覆い、毛髪と頭皮を健全にする。

ライスパワーNo.1-D（医薬部外品） | 温浴効果とスキンケア効果をもつ。

ライスパワーNo.2 | 洗浄力を高めつつ皮膚を保護する。

ライスパワーNo.3 | 汚れを落としつつうるおいを保つ。

ライスパワーNo.6（医薬部外品） | 皮脂分泌を抑制する。

ライスパワーNo.7 | 皮脂分泌を促進し表皮の乾燥を改善する。

ライスパワーNo.10 | 余分な角層を除去し皮膚を柔軟にする。

ライスパワーNo.11（医薬部外品） | 皮膚の水分保持機能を高める。

ライスパワーNo.11＋（医薬部外品） | 皮膚の水分保持機能とシワの改善をする。

ライスパワーNo.23 | 活性酸素に対抗しくすみをケアする

ライスパワーNo.101 | 胃の粘膜を保護改善する。

ライスパワーNo.103 | 皮膚の内部に働きかける。

ライスパワーNo.105 | アルコール摂取障害緩和に内用する。

72

Super star

セラミド類

| 化粧品表示名 | セラミドEOS,NS,NP,AG など |

ルーツ 角層を構成する細胞間脂質に含まれるセラミドと同じか、よく似た働きと構造をもつ合成された成分。

セラミドは角層内で層状に重なっている角層細胞同士の間に存在する細胞間脂質の大半をしめる物質で、皮膚のバリア機能が正常に働くために欠かせない物質です。同じようにバリア機能を高めて皮膚から水分が蒸発するのを抑える働きが期待されるのが、美容成分のセラミド。さまざまな種類がありますが、細胞間脂質に含まれるセラミドと比率を合わせてつくられたものはヒト型セラミドと呼ばれ、高保湿とバリア機能を期待され、さまざまな化粧品に配合されています。

主な配合アイテム

| 化粧水 | 乳液 | 美容液 | クリーム |

ほかには

シャンプーなどのヘアケア製品、ハンドケア・ボディケア製品、サプリメントや菓子類にも配合される

セラミドの種類

セラミドEOS（セラミド1）

バリア機能を強化し、弾力を高める。

セラミドNS（セラミド2）

保水力が高く、うるおいが持続する。

セラミドNP（セラミド3）

特にバリア機能が高い。

セラミドAG（セラミド5）

正常なターンオーバーを促進する。

Column

活性酸素とは？

活性酸素は、呼吸によって取り込まれ、使われなかった酸素が変化したもので、紫外線やストレスによっても発生します。物質を酸化させる力が強く、細胞や遺伝子を損傷させ、病気を起こすこともあります。有名なものに一重項酸素、ヒドロキシラジカル、スーパーオキシド、過酸化水素の4種類があります。皮膚に対してはメラニンの生成を過剰にしてシミやくすみの原因となります。活性化酸素による酸化を防ぐことを「抗酸化」といいます。

角層に浸透して強力に保湿！

PCA-Na

医薬部外品表示名	DL-ピロリドンカルボン酸ナトリウム液

ルーツ アミノ酸の一種グルタミン酸を科学的に合成してつくられた成分。

水性成分

角層細胞内に存在するNMFに含まれる天然の保湿因子で、大豆や糖蜜、野菜類などの植物にも多く含まれます。角層内では皮膚のうるおいを保つ、バリア機能を維持するなどの働きを果たしています。化粧品に配合する際は、角層に浸透して水分量を増やす、皮膚の柔軟性を高めるといった働きによる保湿効果が期待されます。また、吸湿性・保水性が高いため毛髪に対する保護作用があり、シャンプーなどに配合されて洗髪したときのきしみ感を低減する効果が期待されます。

主な配合アイテム

化粧水	乳液	クリーム	美容液

ほかには ......
ヘアケア・ヘアカラー製品、まつげ用美容液など。
食品添加物、医薬品としても使われる。

皮膚を滑らかに整える超保湿成分

ベタイン

医薬部外品表示名	トリメチルグリシン

ルーツ グリシンのトリメチル化両性化合物であり、アミノ酸誘導体。

水性成分

ベタインは広く動植物に存在する物質で、人の肝臓にも含まれます。水溶性の保湿成分で、角層の水分量を増やすことで皮膚のうるおいを高める効果が期待され、さまざまな化粧品に配合されています。また、保水性が高い性質を活かしてほかの保湿剤のベタつきを抑えてしっとり感や滑らかな感触を出す目的で配合されます。

主な配合アイテム

化粧水	乳液	美容液	クリーム

ほかには ......
コンディショナーなどヘアケア製品、食感をよくする食品添加物としても使われる。

すべるような使用感の保湿成分

ポリクオタニウム-51

医薬部外品表示名	メタクリル酸ブチル共重合体液

ルーツ リン脂質をもつメタクリル酸エステルとメタクリル酸ブチルの共重合体。

水性成分

人の細胞膜を構成するリン脂質に似た構造で、皮膚に塗ると透明の被膜をつくり、皮膚の刺激緩和、水分蒸発抑制およびバリア機能改善などの働きがあります。それにより、保湿効果、柔軟効果、肌荒れ防止効果が期待され、多くの化粧品に配合されます。リピジュアという原料名で配合され、成分名より原料名のほうが知られています。

主な配合アイテム

化粧水	乳液	クリーム	美容液

ほかには ......
メイクアップ製品、コンタクトレンズの洗浄液にも用いられる。

皮膚の内部でヒアルロン酸を増やす

プロテオグリカン

> **ルーツ** サケの軟骨から抽出された成分。

水性成分

　動物の皮膚、軟骨などに存在するほか、人の皮膚内にも存在します。角層の水分蒸発を防ぎ、皮膚のうるおいを保つ働きがあります。ほかの美容成分と比べて少量で効果が期待できるのが特徴です。植物由来プロテオグリカンとしてアラビアゴムから抽出された有効成分も開発されており、その場合の医薬部外品表示名は「アラビアゴム」となります。

主な配合アイテム

化粧水　乳液　美容液　クリーム

ほかには
ボディケア製品、化粧下地、日焼け止め、ハンドケア製品など。

保湿しつつ細胞を活性化！

トレハロース

> **ルーツ** 2分子のD-グルコースの二糖類。

水性成分

　自然界では動植物、菌類などに含まれ、主にトウモロコシデンプンを分解してつくられます。グリセリンなどと同等の高い保湿力があり、角層の水分蒸発を防いでうるおいを保つほか、表皮に膜をつくることで紫外線などの外部刺激から皮膚を守る働きがあります。そのほか乳化を安定させる、洗顔料の泡立ちをよくする効果も期待されます。

主な配合アイテム

化粧水　乳液　美容液　クリーム

ほかには
ヘアスタイリング剤、まつげ美容液、ネイル製品など。

保湿

しっとりとした感触が特徴

メチルグルセス類

化粧品表示名 メチルグルセス-10,20

> **ルーツ** ブドウ糖にポリエチレングリコールなどを結合させた成分。

水性成分

　トウモロコシを由来とした保湿剤で、高い保湿力とともに皮膚や毛髪に塗った際に滑らかな質感を与える効果が期待され、スキンケア製品のほかヘアケア製品にも配合されます。メチルグルセス-10はベタつきを抑え、厚みのある皮膜感を与えます。対してメチルグルセス-20は同様に皮膜感を与えるものの、さっぱりとした使用感があります。

主な配合アイテム

化粧水　乳液　美容液　クリーム

ほかには
ヘアケア製品などに使われる。

保湿力だけでなく製品の保存性もアップ

エチルヘキシルグリセリン

医薬部外品表示名 グリセリンモノ2-エチルヘキシルエーテル

> **ルーツ** グリセリンとエチルヘキシルアルコールの化合物。

水性・油性成分

　pHや温度変化を受けにくく、エタノールや多価アルコールをはじめとする各種油性成分ともなじみやすい特徴があります。そのため、グリセリンと同等の保湿効果だけではなく、製品の保存性を高める防腐補助の役割も期待されます。化粧品に配合される防腐剤の量を減らすほか、防腐剤不使用の化粧品に配合されることがあります。

主な配合アイテム

化粧水　乳液　美容液　クリーム

ほかには
日焼け止め、デオドラント製品、フレグランス製品など。

スキンケアからヘアケアまで幅広く活躍！

加水分解シルク

医薬部外品表示名　加水分解シルク液

水性成分

ルーツ　蚕の繭から得られる絹繊維を加水分解したもの。

　シルクから得られる天然保湿因子の成分であり、水に溶けるポリペプチドを含みます。吸湿性が高いため保湿力が長く続き、皮膚に皮膜をつくることで水分蒸発を防ぐ働きもあります。さらに毛髪のタンパク質と似た構造をもつためなじみやすく、ツヤを与えるとともに傷ついたキューティクルを補修してハリとコシをよくする効果が期待できます。

主な配合アイテム

| 化粧水 | 乳液 | クリーム | 美容液 |

ほかには ·······
ヘアケア製品のほか、手術の縫合糸にも使われる。

真珠貝由来の保湿成分

加水分解コンキリオン

医薬部外品表示名　加水分解コンキリオン液

水性成分

ルーツ　真珠またはアコヤガイ（真珠貝）の貝殻を粉末化して加水分解して得られたもの。

　アコヤガイの貝殻の内側は真珠層と呼ばれ、硬タンパク質で覆われています。これを酸や酵素などで加水分解したものが加水分解コンキリオンです。約20種類のアミノ酸を含んでおり、またその組成が角層内のNMFに似ているため皮膚へのなじみが良いのが特徴です。保湿効果、皮膜形成効果を期待され、幅広い製品に配合されています。

主な配合アイテム

| 化粧水 | 乳液 | 美容液 | クリーム |

ほかには ·······
ヘアケア製品、まつげ美容液、ネイル製品、入浴剤など。

食べ物由来の優しい保湿剤

加水分解水添デンプン

水性成分

ルーツ　デンプンを酵素で化学反応させて分解し、水素を加えたもの。

　野菜由来のデンプンを原料にしていますが、化粧品に使われるのは主にとうもろこし由来のデンプンです。グルコースやトレハロースと同じく高い保湿性が期待できます。また、保護作用もあるため、敏感肌用化粧品にも配合されます。紫外線を防ぐ効果もあるため、日焼け止めにも使われるなど、さまざまな化粧品に幅広く用いられています。

主な配合アイテム

| 化粧水 | 乳液 | クリーム | 美容液 |

ほかには ·······
ヘアケア製品、まつげ美容液、日焼け止めなど。

皮膚によくなじみ、しっとりと整える

加水分解ケラチン

医薬部外品表示名　加水分解ケラチン液

水性成分

ルーツ　ケラチンタンパク質を加水分解して得られるポリペプチドの水溶液。

　ケラチンとは皮膚や髪、爪などに分布するタンパク質。化粧品に配合されるのは羊毛からつくられたものがほとんどです。これを加水分解した加水分解ケラチンは、皮膚や毛髪になじみやすい性質があります。そのため、保湿性の保護膜をつくり、水分の蒸発を防いでうるおいを保つ効果があり、皮膚や毛髪の表面を滑らかに整えます。

主な配合アイテム

| 化粧水 | 乳液 |

ほかには ·······
シャンプーなどヘアケア製品、ネイル製品など。

Column

加水分解ってなに?

　美容成分名によく出てくる「加水分解」。前ページで紹介した成分以外にも、「加水分解コラーゲン」「加水分解ヒアルロン酸」などがあります。

　美容に効果がある成分のいくつかは分子構造が大きく皮膚に浸透しづらいものがあります。そうした成分を酸やアルカリ、酵素などで反応させ、分子を小さくすることを加水分解といいます。たとえばヒアルロン酸Naの分子量は10～200万ですが、これを加水分解することで1万以下にまで低分子化することができます。

皮膚の土台はこれ!

アミノ酸類

化粧品表示名	アスパラギン酸、アルギニン、イソロイシン ほか

水性成分

保湿

> **ルーツ** NMFの主成分でありタンパク質のもと。20種類ある。

　角層内のNMFの約40％はアミノ酸でできています。アミノ酸が数個から数十個つながったものをペプチド、さらに100個以上結合したものをタンパク質といい、皮膚にとって欠かすことのできない重要な成分です。多くのアミノ酸は高い保湿効果があり、傷ついた毛髪の修復を目的としたヘアケア剤や、敏感肌用の洗浄料など幅広く使われます。

主な配合アイテム

[化粧水] [乳液] [美容液] [クリーム]

ほかには
ヘアケア製品、まつげ美容液、ネイル製品、入浴剤など。

アミノ酸の主な種類と役割

人体のアミノ酸の種類は約20種類あり、体内で合成されない「必須アミノ酸」、体内で合成できる「非必須アミノ酸」に分類できます。それぞれの種類と効果を解説します。

必須アミノ酸

- **バリン** ターンオーバー正常化
- **ロイシン** ターンオーバー正常化、保湿、コラーゲン生成、BCAAのひとつ
- **イソロイシン** ターンオーバー正常化、保湿、コラーゲン生成
- **リシン** ターンオーバー正常化、保湿
- **メチオニン** ターンオーバー正常化、保湿、エイジングケア
- **フェニルアラニン** ターンオーバー正常化、保湿、エイジングケア
- **トレオニン** ターンオーバー正常化、保湿、コラーゲン生成
- **トリプトファン** ターンオーバー正常化、保湿
- **ヒスチジン** ターンオーバー正常化、保湿、血行促進、エイジングケア

非必須アミノ酸 (11種のうち皮膚に重要な7種)

- **セリン** ターンオーバー正常化、保湿
- **グリシン** 保湿、コラーゲン生成
- **アラニン** 保湿、コラーゲン生成
- **アルギニン** ターンオーバー正常化、保湿、コラーゲン生成、血行促進、エイジングケア
- **グルタミン** ターンオーバー正常化
- **プロリン** 保湿、コラーゲン生成
- **アスパラギン酸** ターンオーバー正常化

美容成分
②

シミ・くすみのない肌を目指す

美白

透明感はメラニンコントロールで決まる

日焼け肌が流行した時代もありましたが、「色が白いは七難隠す」という言葉があるように、昔から日本では白い肌が美の象徴とされていました。このような白い肌に憧れる女性のニーズに応えるのが美白化粧品です。とはいえ、これらの化粧品は現状の肌色を白くしたり、シミやソバカスを消したりするものではありません。紫外線などによる色素沈着を未然に防ぐとともに、皮膚を明るく透明感のある状態に導くことを「美白効果」と呼んでいます。その働きはさまざまですが、多くは紫外線によって皮膚内部で起きるメラニン色素合成の暴走を食い止めることにあります。まずはメラニン色素のメカニズムを理解することから始めましょう。

シミの原因・メラニンができる仕組み

シミやくすみなど皮膚の色に関する悩みは表皮内のメラニン色素が増えることで起こります。まずはメラニンができる仕組みを解説します。

紫外線を浴びると皮膚内部では活性酸素が発生、ランゲルハンス細胞、基底細胞、免疫細胞がダメージを受けてメラノサイトが活性化してメラニン色素が合成促進されます。これが表皮基底細胞に受け渡され、その後、ターンオーバーの過程で分解されて最終的には古い角層細胞としてはがれ去ります。ところが、紫外線量、加齢、ホルモンバランスの乱れなどさまざまな要因でメラニン色素の生成と排出のサイクルが崩れてしまうことが起こります。すると、皮膚内部でメラニン色素が蓄積され、これが皮膚の色が暗くなる、シミになるという肌悩みの原因となるのです。

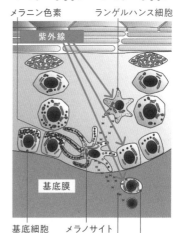

メラニン色素　　ランゲルハンス細胞

紫外線

基底膜

基底細胞　　メラノサイト

メラニン合成司令　免疫細胞

メラニン色素が原因！ 色素沈着の種類

紫外線やホルモンバランスの乱れ、加齢などの原因で皮膚の内部でメラニン色素が過剰に生成された結果、皮膚の色が変わった状態を「色素沈着」と呼びます。適切なケアを行うためにも、まずは色素沈着の種類と特徴を見てみましょう。

老人性色素斑
（日光性黒点）

「シミ」と呼ばれるもので老人斑ともいう。境界がはっきりとした丸い形が特徴。初期は薄い茶色で次第に黒く濃くなっていく。扁平に盛り上がることもある。

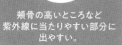

頰骨の高いところなど
紫外線に当たりやすい部分に
出やすい。

肝斑

境界がはっきりしないものやもやとした地図のような形が特徴。女性ホルモンのバランスの乱れが原因で、更年期の女性に多い。

頰を中心に現れ、
左右対称に
現れることもある。

雀卵斑
（ソバカス）

直径1～5ミリの小さな茶色の斑点が現れる。遺伝的要因が強く、幼児期～思春期に濃くなり、年齢とともに薄くなることもある。

頰を中心に
広がるように現れる
紫外線に当たると濃くなる。

美白効果をもたらす4つの働き

シミやソバカスなど色素沈着はメラニン色素が過剰に合成されてしまうことと、皮膚内部からうまく分解・排出できないことが大きな原因です。これら肌悩みに対して美白効果を適切に発揮させるため、トラブルに対して美白成分がどのように働くかを理解しましょう。

指令阻止
メラニン色素をつくる指令を止める
本来は紫外線から皮膚を守ろうとして出されるメラノサイトに向けてのメラニン色素合成の指令情報伝達成分を阻止する。

合成抑制
メラニン色素をつくらせない
メラニン色素合成の命令を受けるとメラノサイトで無色のチロシンが酵素チロシナーゼによって褐色のメラニン色素へ合成される経路を抑える。

受け渡し抑制
メラニン色素が受け渡されるのを抑える
メラノサイトでできたメラニン色素が表皮基底細胞に受け渡されるのを防ぎ、メラニン色素の蓄積と拡散を防ぐ。

分解・排出
表皮のメラニン色素を分解・排出する
表皮代謝によりメラニン色素が分解されて古い角層とともにはがれ落ちる機能をサポートし、分解・排出を促して蓄積を防ぐ。

あらゆる肌悩みに頼れる美容の強い味方

ビタミンC類

化粧品表示名 | アスコルビン酸など

ルーツ 抗酸化作用のある有機酸で、科学名はアスコルビン酸。
野菜や果物に多く含まれるが、グルコースを原料に化学合成される。

合成抑制

ビタミンCは、メラニン色素の生成過程を還元作用で抑え、紫外線の影響によるシミ・ソバカスを防ぐ働きがあります。さらに、老化の原因である活性酸素・フリーラジカルの発生を抑えたり、皮膚の内部でコラーゲンの生成を促す働きがあり、美容の万能選手ということがいえるでしょう。ビタミンCは体の機能を調節し、体内で起きるさまざまな化学反応をサポートする役割を果たしています。そのため、ビタミンCが過度に不足すると全身の倦怠感や疲労感、食欲不振を招きます。これがビタミンC欠乏症で、重症になると壊血病を引き起こし、命に関わります。全身の健康に欠かせないビタミンCは効率よく取り入れる必要があるのです。

主な配合アイテム

化粧水　乳液　美容液　クリーム

ほかには
ボディ用製品、メイクアップ製品などのほか食品や医薬品、医薬品添加剤にも。

Column

ピュアビタミンCとビタミンC誘導体

ビタミンCの本体であるアスコルビン酸（L-アスコルビン酸）は結晶粉末の成分で、ピュアビタミンCとも呼ばれています。この成分は水に溶けると酸素と反応して酸化しやすい、熱や光に弱いなどやや不安定な物質です。「アスコルビン酸」は一般の薬局でも販売されていますが、その内容は内服目的の粉末であり、純度や配合量など安全性を考慮すると皮膚には使用すべきではありません。化粧品として配合させるには、安定性を高めたビタミンC誘導体の形にすることが便利なのです。また、商品の処方全体のバランスが重要で、多種多様な商品が生まれています。

ピュアビタミンC

さまざまな要因で
皮膚につける前に
壊れやすく不安定。

紫外線　熱　光

ビタミンC誘導体

他の成分と結合させる
ことで安定性が向上し、
皮膚内部に
浸透しやすくなる。

ビタミンC誘導体の種類

VCエチル

→88ページへ

アスコルビルグルコシド

→88ページへ

ほかには…

- アスコルビルリン酸Na
- テトラヘキシルデカン酸アスコルビル
- パルミチン酸アスコルビルリン酸3Na
- 3-o-エチルアスコルビン酸
- イソステアリルアスコルビルリン酸2Na
- カプリル2-グリセリルアスコルビン酸

at hospital

美容だけでなく健康に絶大な効果があるビタミンCは医療の現場でも活用されています。代表的なのは高濃度ビタミンCを直接体内に送り込む注射や点滴で、シミやシワの改善という美容目的だけでなく、疲労回復の効果も期待できるとされています。アメリカにはガン治療を目的としたビタミンC点滴もありますが、日本では認可されていません。

その他の役割

医薬品として

ビタミンC欠乏症、毛細血管出血、色素沈着、光線過敏性皮膚炎などを対象とした治療薬。

医薬品添加剤として

安定化、抗酸化目的の医薬品添加剤として経口剤、各種注射、耳鼻科用剤、口中用剤などに用いられる。

\\ OKABE's EYE //

ビタミンCとビタミンC誘導体の関係

ビタミンCに安定性を持たせて化粧品への配合を容易にし、かつ皮膚への安全性と浸透性を高めたものがビタミンC誘導体です。安定性をもたせながら、水性成分とつながりやすくするために水と結びつきやすい水溶性ビタミンC、油性成分とつながりやすくするために油と結びつきやすい油溶性ビタミンC、水と油の両方に結びつきやすい両親媒性ビタミンCとその種類は大きく分けて3つ。さまざまな成分が生まれています。これらの成分をどう処方するかによって商品の特徴が生まれます。

ピュアビタミンC

水溶性、酸化防止目的　　　不安定

ビタミンC誘導体

親水性	親水性＋親油性	親油性
水溶性ビタミンC	両親媒性ビタミンC	油溶性ビタミンC
水性成分とつながりやすく、水と結びつきやすい。	水にも油にも結びつきやすい。	油性成分とつながりやすく、油と結びつきやすい。

カモミラET®

ルーツ キク科植物カミツレの花から抽出した独自のエキス。

カモミラET®の原料であるジャーマンカモミールはヨーロッパを原産とし、紀元前1世紀頃からハーブ療法に用いられていたといわれます。メラノサイトに対してメラニン色素をつくるように指令する成分の働きを阻止し、メラニン色素の生成を抑制することでシミやソバカスを防ぎます。また、紫外線B波（UVB）吸収による紫外線防御作用もあります。カモミラETは化粧品メーカーにより開発され、1999年に医薬部外品の美白有効成分として承認されました。

主な配合アイテム

化粧水　乳液　クリーム　美容液

ほかには
ハーブティーなどの飲料、入浴剤にも用いられる。

カモミールの役割

民間薬として

● 胃腸を整える作用があり、
　下痢や腹部の膨満感を解消する。

● 精油に含まれる「アズレン」には
　抗炎症作用があり、
　うがい薬に用いられる。

● 気持ちを落ち着かせ、
　眠気をもたらす作用があり、
　睡眠前のハーブティーとして利用される。

リラクゼーションとして

● 乾燥させたものをネットなどに入れて
　風呂に浮かべるほか、
　精油を数滴垂らして使用する。

● 乾燥させたものを
　ハーブティーとして楽しむ。

● 189ページ「カミツレ花エキス」も
　ご覧ください。

OKABE's EYE

いまさら聞けない「ハーブ」ってなに？

「ハーブ」という名称には健康に役立つ植物というイメージがありますが、厳密には「生活全般に役立つ薬用植物」といった意味で使われています。その使用法は多岐に渡り、化粧品や入浴剤に使われるほか、ハーブティー、ルームフレグランスとしても用いられます。さまざまな使い方がありますが、①内服薬や化粧品を含む外用薬として利用できる、②防臭・防腐・防虫などに役立つ、③芳香に鎮静作用・興奮作用がある、④料理の風味づけに使えるといった効果がある植物を総称して「ハーブ」と呼んでいます。

アルブチン

化粧品表示名　α-アルブチン

ルーツ　ハイドロキノンとグルコースが結合したハイドロキノン誘導体。

アルブチンとはもともとコケモモなどの植物に含まれる成分で、1989年に医薬部外品の美白有効成分として承認されました。メラニンの生成を促進するチロシナーゼの活性を抑制する働きがあります。「α-アルブチン」と「β-アルブチン」があり、シミへの効果が異なります。医薬部外品の美白効果が認められているのは「β-アルブチン」です。一方「α-アルブチン」は美白有効成分として承認されていないものの、穏やかな美白効果を期待して使われています。

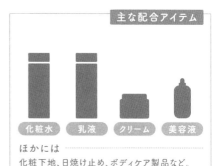

主な配合アイテム

化粧水　乳液　クリーム　美容液

ほかには
化粧下地、日焼け止め、ボディケア製品など。

アルブチンの種類

α-アルブチン

シミの治療薬成分ハイドロキノンと似た分子構造をしているのが特徴の成分。チロシナーゼに直接作用してメラニン色素の生成を抑制します。開発したメーカーはその効果はβ-アルブチンよりも強力というデータを公表しています。

β-アルブチン

コケモモや梨、マッシュルームなどの天然物に含まれる成分で、メラニン合成に関わるチロシナーゼに作用してメラニン色素の生成を抑制しますが、その効果は穏やかです。

how to use

メラニンの生成は紫外線を浴びてから24~72時間かかるといわれます。そのため、日焼けしたときは72時間以内にアルブチンが配合された製品を使うとよいでしょう。日焼けによるシミ・ソバカスを防ぐには外出時に日焼け止めをつけるのが重要なのはいうまでもありません。

一緒に取り入れたい成分

＋ビタミンC誘導体

ビタミンC誘導体はアルブチンと同様にメラニン色素の生成を抑える働きがあります。組み合わせて使うことで、シミを防ぐ効果がより期待できます。

＋トラネキサム酸

トラネキサム酸にはメラニンの生成をつくる指令を阻止する作用があります。アルブチンと組み合わせることで美白に対して多角的なアプローチが可能になります。

チロシナーゼの鍵穴をふさいで合成阻止

ルシノール®

医薬部外品表示名	4-n-ブチルレゾルシン

ルーツ モミの木に含まれる美白効果のある成分を発見し、開発された。

合成抑制

ニキビのアクネ菌に対する殺菌成分として使われるレゾルシン（123ページ）の誘導体。1998年に医薬部外品の美白有効成分として承認されました。シミのもととなるメラニン色素がチロシンとチロシナーゼが合体してつくられることに着目。チロシンが合体する鍵穴（需要部）にルシノール®が入り込んでふさぐことでメラニン色素がつくられるのを防ぐという美白メカニズムを可能にした成分です。この働きを期待して、シミ、ソバカスを防ぐ化粧品に配合されます。メーカー独自成分として存在感を発揮しています。

主な配合アイテム

乳液　美容液

ほかには

皮膚になじみやすく保湿効果も！

リノール酸

ルーツ 必須脂肪酸のひとつである液状の不飽和脂肪酸。

合成抑制

サフラワー油やヒマワリ種子油など植物油から加水分解されて得られた成分で、食べ物からの摂取が必要な必須脂肪酸です。皮膚になじみやすく、角層から水分が蒸発するのを防ぎ、皮膚を柔軟にします。一方でメラニン色素の生成を促すチロシナーゼの分解を促進してシミ・ソバカスを防ぎます。かつては保湿を目的に配合された成分ですが、美白効果があることが報告されて以来、美白化粧品にも配合されるようになりました。保湿と美白の両方を狙える成分です。

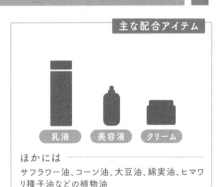

主な配合アイテム

乳液　美容液　クリーム

ほかには
サフラワー油、コーン油、大豆油、綿実油、ヒマワリ種子油などの植物油

チロシナーゼの活性を抑えてシミを防ぐ

4MSK

医薬部外品表示名	4-メトキシサリチル酸カリウム塩

ルーツ サリチル酸誘導体。

合成抑制　分解・排出

　古くなった角層をはがす働きがあるサリチル酸の誘導体として化粧品メーカーが開発した成分。シミやソバカスの根本原因であるチロシナーゼの活性を抑えてメラニン色素の生成を抑えます。さらに、皮膚の生まれ変わりであるターンオーバーを促進し、皮膚の内部に蓄積されているメラニン色素を分解・排出する働きもあります。多角的なアプローチで美白効果を高め、シミやソバカス、くすみを防ぎます。

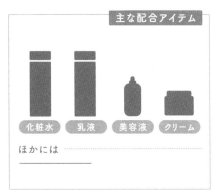

主な配合アイテム

化粧水　乳液　美容液　クリーム

ほかには ────────────────

ターンオーバーを促してシミを追い出す!

アデノシンリン酸2Na

医薬部外品表示名	アデノシンーリン酸ニナトリウム

ルーツ アデノシンリン酸のニナトリウム塩。

分解・排出

　体内でエネルギーの保存と供給をしている高エネルギーリン酸結合をもつ分子で、別称の「AMP」という名前でよく知られる成分です。生体の多くの代謝で使われるエネルギー伝達物質であるATP(アデノシン三リン酸)の前駆物質です。皮膚が生まれ変わるターンオーバーは、細胞が正常に分裂・増殖するためには欠かせません。このようにATPの前駆物質であるAMPも皮膚細胞を活性化させる作用があり、高いエネルギーをもつ分子であることからターンオーバーを促進し、色素沈着を抑制します。

主な配合アイテム

美容液　クリーム

ほかには ────────────────

美白効果は肝斑にまで!しかも保湿効果もあり

トラネキサム酸

別称 m-トラネキサム酸

ルーツ 医薬部外品の有効成分として2002年に承認。t-AMCHA、m-トラネキサム酸などの別称でも知られる。

合成抑制

強い紫外線を浴びて皮膚が炎症を起こしたときに発生するプロスタグランジンというメラニン色素生成誘導因子の発生を抑えることでチロシナーゼの活性を抑制し、美白効果を発揮します。もともとは肌荒れを誘発するプラスミンというタンパク分解酵素の生成を抑制し、肌荒れを改善する有効成分として承認されていましたが、2002年に美白有効成分として追加承認されました。改善が難しい肝斑の改善を目指した医薬品の配合成分としてもよく知られています。

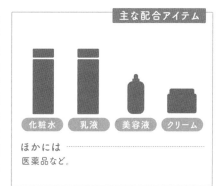

主な配合アイテム

化粧水　乳液　美容液　クリーム

ほかには
医薬品など。

日本で発見された美容成分

コウジ酸

ルーツ 味噌、醤油などをつくる過程で用いられる米麹に含まれる麹菌（コウジカビ）の培養液から発見された。

合成抑制

メラニン色素合成の鍵を握るチロシナーゼの酵素活性部にある銅イオンを封鎖することで活性を抑える働きをします。メラニン色素をつくる酵素の働きを抑えるだけでなく、メラニン生成が始まる前の情報伝達物質の産生、活性酸素の発生、炎症という3つのダメージを抑制し、メラニン色素合成を未然に防ぎます。紫外線吸収剤と組み合わせることで、日焼けによるシミ・ソバカスを防ぐ化粧品に適しています。一時毒性の有無が指摘されましたが、追試験により安全性が確認されました。

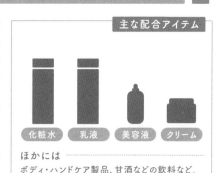

主な配合アイテム

化粧水　乳液　美容液　クリーム

ほかには
ボディ・ハンドケア製品、甘酒などの飲料など。

美白だけでなく肌荒れ、シワにも期待!

ナイアシンアミド

医薬部外品表示名	ニコチン酸アミド

Super Star

ルーツ	サリチル酸誘導体。

合成抑制　受け渡し抑制

美白

　美白、肌荒れ、シワ改善の3つの有効成分として承認を得ている美容成分です。抗酸化作用があり、エイジングや炎症を引き起こす原因のひとつであるフリーラジカルを消去する、過酸化脂質の発生を防ぐという効果があります。また、血液循環をよくする働きもあるなど幅広い用途でさまざまな化粧品に配合されています。また、酸化しやすい成分を含む化粧品に酸化防止剤として配合されるなど、多様な作用をもつまさにスーパー成分と呼んでもよいでしょう。

※化学名称「ニコチン酸アミド」ですが、タバコの成分であるニコチンとは作用が異なるのに誤解を生むので、別称のナイアシンアミドがよく使われています。

主な配合アイテム

化粧水　乳液　クリーム　美容液

ほかには
食品添加剤、医薬品など。

ナイアシンアミドの3つの効果

美白効果
メラニン色素の生成を抑えるとともに、メラノサイトが表皮基底細胞へメラニン色素を運ぶ働きを抑えて色素沈着を防ぐ。

保湿効果
セラミドなどの合成を促し、皮膚のバリア機能を改善して水分蒸発を防ぐ。

シワ改善
真皮でコラーゲンの生成を促すとともに、コラーゲンが分解・減少されることを改善する。

Column

食べて補給する
ナイアシンアミド

　ナイアシンアミドは水溶性ビタミンBの一種で、動物の体内に多く含まれており通常は食事を通して摂取しています。ナイアシンアミドが含まれる代表的な食品は、玄米、ソバ、鶏胸肉、カツオ、豚肉、ブリなどです。ただ、ナイアシンアミドは熱湯に溶けやすい性質があるため、煮物などにするとその多くが溶け出してしまいます。食べ物からの摂取を目指すなら、煮汁もしっかり含ませるなどして、調理法にも注意しましょう。

メラニンを分解・分散して目立たせない！

パンテノール

医薬部外品表示名 D-パントテニルアルコール など

ルーツ 生体内でビタミンのパントテン酸に代謝されるアミドアルコール。

合成抑制

　表皮細胞がエネルギーで満たされていると紫外線から細胞の核を守る働きが強化され、メラニン色素への依存度が低くなります。パンテノールは細胞にエネルギーを与えることでメラニン色素合成の指令を抑制し、さらにメラニン色素を分解・排出します。メラニン色素の蓄積を抑えてシミ・ソバカスを防ぐ美白有効成分として承認されています。

主な配合アイテム

化粧水　乳液　美容液　クリーム

ほかには
ヘアケア製品など。

熱にも光にも強いビタミンC誘導体

アスコルビルグルコシド

医薬部外品表示名 L-アスコルビン酸2-グルコシド

ルーツ アスコルビン酸（ビタミンC）にブドウ糖を結合させた誘導体。

分解・排出　合成抑制

　アスコルビン酸にブドウ糖のグルコースを結合させることで水溶性と安定性を高めたビタミンC誘導体です。ビタミンCとグルコースにゆっくり分解されることから、「持続型ビタミンC」とも呼ばれます。メラニンの生成抑制、分解・排出を促進してシミやソバカスを防ぐ働きにより医薬部外品の美白有効成分として承認されています。

主な配合アイテム

化粧水　乳液　美容液　クリーム

ほかには
ビタミンCの強化剤として食品に用いられる。

即効性と持続性を兼ね備え、ビタミンC量も豊富！

VCエチル

医薬部外品表示名 3-o-エチルアスコルビン酸

ルーツ アスコルビン酸にエチルを結合したビタミンC誘導体。

合成抑制　分解・排出

　ビタミンCエチルとも呼ばれます。ほかのビタミンC誘導体が酵素による分解を経てビタミンCになるのに対し、VCエチルは分解を必要とせず、そのままの状態で効果を発揮できるため、即効性にすぐれています。また、細胞内部から代謝・排出されるまで72時間もかかるなど、持続性も兼ね備えています。水溶性、かつ弱酸性のもとで安定配合できる特性に注目されています。シミ・ソバカスを防ぐ美白有効成分として承認されています。

主な配合アイテム

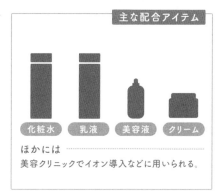

化粧水　乳液　美容液　クリーム

ほかには
美容クリニックでイオン導入などに用いられる。

滑らかでしっとり！保湿力もある美白成分

ビスグリセリルアスコルビン酸

ルーツ ビタミンCにグリセリンを結合させたビタミンC誘導体。

合成抑制　分解・排出

美白

　従来のビタミンC誘導体は、処方によっては時間と共に少しずつ変質することがありました。しかし、ビスグリセリルアスコルビン酸は水に溶けて不安定なアスコルビン酸（ビタミンC）にグリセリンを結合させることで安定性を高めています。ビタミンC誘導体は人により肌のツッパリ感や乾燥を感じることがありますが、グリセリンを付加したことで保湿性が向上。皮膚に塗布した際の滑らかな使用感や皮膚がしっとりと保湿された感覚が得られるようになっています。

主な配合アイテム

化粧水　乳液　美容液　クリーム

ほかには ....

美しい肌へと導くマルチな美容成分

プラセンタエキス

医薬部外品表示名 胎盤抽出液など

ルーツ 豚や馬など動物の胎盤から抽出された成分。

分解・排出

　プラセンタとは人や動物の胎盤のこと。保湿効果や皮膚細胞の活性効果、美白効果をもつなど、これひとつでさまざまな効果があります。皮膚のターンオーバーを促進して新陳代謝を高める、角層細胞の活性効果でメラニン色素の排出を促してシミ、ソバカス、色素沈着を防ぎます。また、保湿効果もあることから加齢による皮膚のトラブルを防ぐとして、エイジングケア化粧品にも多く配合されます。以前は牛胎盤由来もありましたが、狂牛病が社会問題となったため現在は使われていません。

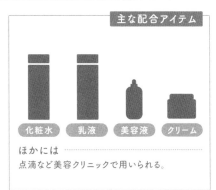

主な配合アイテム

化粧水　乳液　美容液　クリーム

ほかには ....
点滴など美容クリニックで用いられる。

89

加齢サインは多角的に攻略！

シワの原因は年齢だけではない

目や口の周りに現れるシワは年齢を重ねた証であり、自然の摂理だから受け入れるしかない、とされがちです。しかし、単に「シワ」といっても浅いものから深いものまで種類がいくつかあることをご存じでしょうか。そして、どのシワでも共通する原因が「加齢による皮膚の弾力低下」「気温・湿度低下による乾燥」「紫外線によるダメージ」「表情のクセ」の4つです。いずれもくっきりと、溝が刻まれたような深いシワとなると、残念ながら化粧品での改善は現時点でほぼ不可能。美容医療での治療の範囲となってしまいます。しかし指で広げると見えなくなるような浅いシワなら化粧品や医薬部外品によるケアで目立たなくしたり、改善が期待できます。

シワの種類と原因

シワを的確にケアするために、まずはシワの種類と原因を理解しましょう。

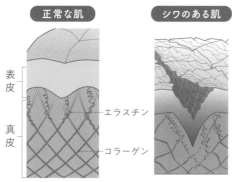

正常な肌

シワのある肌

表皮

真皮

エラスチン

コラーゲン

乾燥や紫外線・加齢による真皮細胞の活性低下により、真皮の線維構造が壊れて皮膚にできた溝のような筋をシワと呼びます。

●表皮ジワ

角層の乾燥が原因の表皮止まりの浅いシワ。目や口の周りなどにできる細かいシワで「小ジワ」「ちりめんジワ」とも呼ばれる。

●真皮ジワ

口元のほうれい線、目の下のシワなどの深いシワ。紫外線や加齢によって真皮のコラーゲンやエラスチンが減少し、構造が壊れたことが原因。

●表情ジワ

笑ったときの目尻のシワ、怒ったときの眉間のシワ、眉を上げるクセでついたおでこのシワなど、表情筋の影響で一時的にできるシワ。クセが固定されると折り目のように消えないシワとなる。

シワ対策は2つの基本と4つのアプローチ

シワに対するスキンケアは、どのタイプのシワでも共通する基本の方法と、タイプに合わせた方法の2種類があります。

シワの種類は「表皮ジワ」「真皮ジワ」「表情ジワ」に大別できますが、指で皮膚を軽く引っ張ったとき、シワが見えなくなってしまうような浅いシワなら基本の方法を繰り返すことで改善するでしょう。しかし、引っ張っても消えないような深いシワの改善や予防を目指す場合、そのアプローチ方法は基本の方法に加えて4つ。そのメカニズムを説明しましょう。

シワ対策・2つの基本

● 保　湿

角層から水分や皮脂が失われると皮膚が硬くなって柔軟性が失われ、細かいシワができやすくなる。放置していると深いシワに発展することも。

● 紫外線対策

紫外線は皮膚の表面から内部に入り込み、真皮細胞を支えるコラーゲンやエラスチンを破壊してしまう。皮膚の弾力が失われ、シワになりやすくなる。

シワ対策4つのアプローチ

● 内側から改善

不足しているコラーゲンやエラスチンの生成を促し、皮膚を内側から押し上げてシワの改善を目指す。

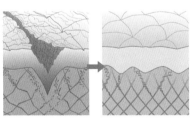

真皮層で
コラーゲンが不足

皮膚の奥から
押し上げてシワを改善

● 物理的に改善

シワの部分を球状の極めて小さな物質で埋める、表面に膜を張って一時的に伸ばすなど物理的な方法でシワを目立たなくさせる。

● 酸化を防ぐ

真皮層でコラーゲン・エラスチンが変性する原因のひとつである酸化を防ぐことによって、シワを改善する。酸化を引き起こす活性酸素(フリーラジカル)は紫外線や加齢により発生するので、紫外線対策やエイジングケアが重要。

● シワ改善の有効成分を使う

シワを改善する有効成分として厚生労働省から承認されている成分は以下の3つです。これらを活用しましょう。

●レチノール(94ページ)
●ニールワン(95ページ)
●ナイアシンアミド(87、95ページ)

細胞の代謝機能に働きかけ、健常な状態に回復をサポート

ビタミンA類

化粧品表示名 レチノール、パルミチン酸レチノールなど

ルーツ 生体にも含まれる脂溶性ビタミンで、生体内で代謝されてレチノイン酸として効果を発揮する。

内部から改善

ビタミンAはもともと皮膚内にも含まれており、紫外線により細胞が傷つくことを防ぐ働きをもつ脂溶性ビタミンです。目や皮膚、粘膜の健康を保つ働きや真皮細胞のコラーゲンやエラスチンを修復する働きがあるため、皮膚のハリや弾力を保ちます。ビタミンAが不足すると表皮ではターンオーバーが乱れて肌荒れを起こしたり、真皮内ではコラーゲンなどが壊れてシワができやすくなったりします。ビタミンAは体内では合成できないので、シワが目立たない皮膚や、全身の健康状態を保つためには、常に不足しないように補給する必要があるといえます。

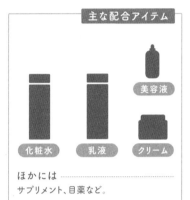

主な配合アイテム

化粧水　乳液　美容液　クリーム

ほかには
サプリメント、目薬など。

Column

効果が高いビタミンAを上手に取り入れる

シワやエイジングケアの効果が絶大なビタミンAは、セルフケアで使えるものから美容医療で取り入れるものまでいくつかの種類があります。また、スキンケアだけではなく食事で取り入れる方法もありますが、取り入れ方には注意が必要なものもあります。

●ビタミンA誘導体

レチノールは効果が高い反面、光、空気、酸化、酸などに対して不安定な性質があります。同時に皮膚への刺激も強いという特性をもちます。それを安定化させたのがビタミンA誘導体です。詳しくは93ページの「OKABE's EYE」をご覧ください。

●レチナール

眼球にのみ存在する物質です。

●レチノイン酸

美容医療で用いられるトレチノインのこと。肌荒れや赤みなどの副反応が出やすい特徴がある医薬品の成分で、化粧品には配合できません。

ビタミンAの仲間

β-カロチン

私たちは栄養としてビタミンAをβカロチンという前駆物質でとっており、体内でビタミンA（レチノール）に代謝されて機能を発揮しています。化粧品にもプレビタミンAとして配合されることがあります。

それ以外のビタミンA様作用をもつ成分は、次のとおりです。

- バクチオール
- レスベラトロール

caution!

英国毒性委員会（COT）は妊娠中の動物にビタミンAを大量に与えたところ、胎児に異常が発生したという実験結果を公表しました。ビタミンAは皮膚や粘膜、目の機能を正常に保つ役割があり、母体と胎児のどちらにも大切な栄養素です。しかし、特に妊娠初期は適正量を守る必要があります。ビタミンAの適正量は18〜29歳で650μRAE/日（『厚生労働省「日本人の食事摂取基準（2020年度版）」』より）。ニンジン100gあたりのビタミンA含有量は720μRAEなので、目安にしてください。

シワ

\\ OKABE's EYE //

ビタミンAの種類

ビタミンには水に溶けやすい水溶性ビタミンと油に溶けやすい脂溶性ビタミンがあります。ビタミンCやビタミンB群は水溶性、ビタミンE、ビタミンAは脂溶性です。水溶性ビタミンは大量に摂っても取り過ぎた分は汗や尿となって排出されるため体に影響は少ないとされます。しかし、脂溶性ビタミンは排出されることが少なく体内に蓄積されてしまうので、取り過ぎると健康を害することが懸念されています。特にビタミンAはその傾向が強いので、自己判断でサプリメントを大量に服用することは避けたほうがよいでしょう。個人輸入も簡単にできる時代なので、特に気をつけていただきたいと思います。

レチノール（ビタミンA）

油溶性　　　不安定

ビタミンA誘導体

安定性誘導体	前駆体	作用類似体
脂肪酸エステル パルミチン酸レチノール	β-カロチン	バクチオール レスベラトロール

安定性が高く、光や空気、酸などに強い。

体内で代謝されレチノールになる。栄養学的にはビタミンAとして扱われる。

化学構造は似ていないけれど作用がビタミンAと類似している。

コラーゲンの密度を高めてシワを改善

レチノール

| 別　称 | 純粋レチノール |

ルーツ　化学的に合成されたビタミンA。

抗酸化

内部から改善

生理活性効果をもつビタミンAで、免疫系が正常に働くために欠かせない必須のビタミンとして知られています。皮膚や粘膜の正常な代謝、つまりターンオーバーを促す作用があるため皮膚の保湿機能を高める、肌荒れを改善するという目的で配合されます。レチノールの化学的性質や多くの臨床試験により、皮膚に塗布すると吸収されて真皮まで届くことがわかっています。化粧品メーカーの研究により、レチノールにはヒアルロン酸の産生を促すとともに真皮のコラーゲン密度を高めてシワを改善する働きが突き止められ、シワ対策に用いられるようになりました。

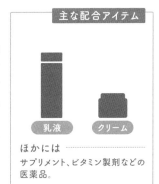

主な配合アイテム

乳液　　クリーム

ほかには
サプリメント、ビタミン製剤などの医薬品。

Column

シワの有効成分『純粋レチノール』とは?

シワを改善する有効成分として承認が得られたレチノールは、誘導体と混同しないよう『純粋レチノール』と呼ばれ、配合安定化の技術により商品化できたものです。従来のレチノールと同様に表皮の水分量を増やすだけでなく、ターンオーバーを促して真皮の構造を立て直す作用があるため、浅い表皮ジワと同時に深い真皮ジワにも効果が期待されています。

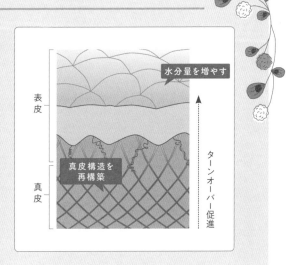

表皮

真皮

水分量を増やす

真皮構造を再構築

ターンオーバー促進

94

ニールワン®

| 医薬部外品表示名 | 三フッ化イソプロピルオキソプロピルアミノカルボニルピロリジンカルボニルメチルプロピルアミノカルボニルベンゾイルアミノ酢酸Na |

ルーツ 4つのアミノ酸誘導体で構成された成分。

内部から改善

化粧品メーカーのポーラが開発し、2016年に日本で初めて医薬部外品の抗シワ有効成分に承認された成分で「ニールワン」の別称の方が有名です。皮膚に紫外線が当たると、真皮を構成する成分、コラーゲンやエラスチンが変性し、シワをつくります。ニールワンは真皮まで浸透し、タンパク質分解酵素のひとつである好中球エラスターゼの働きを抑えます。このメカニズムによって、真皮内で起きているコラーゲンやエラスチンの分解を食い止め、シワを改善します。高い効果が期待できるのに皮膚に対する刺激が強くないため、敏感肌にも使えることも高い評価を得ています。

主な配合アイテム

美容液　　クリーム

ほかには _____

シワ

Column

シワにも強い！ナイアシンアミド

厚生労働省がシワ改善に有効と認めた3大有効成分のうち、美白・保湿の有効成分も承認されているのがニコチン酸アミド（別称ナイアシンアミド）（詳細は87ページ）。皮膚表面の角層を整えてうるおいを保ち、内部に浸透してメラニン色素の生成を抑えてコラーゲンの産生を促進してシワを改善に導きます。1つで3つの肌悩みにアプローチする、まさに最強の美容成分なのです。

● 3つの肌悩みにアプローチ

表皮　角層を整えて保湿

真皮　メラニン色素の生成抑制　コラーゲン産生促進

Hope

シワだけじゃないいくつもの効果が合体！

ペプチド類

化粧品表示名 アセチルテトラペプチド-2、パルミトイルテトラペプチド-7ほか多数

ルーツ ペプチド結合により複数のアミノ酸がつながった化合物およびその誘導体。

内側から改善

ペプチドとは複数のアミノ酸がつながった化合物を指します。つながった個数で呼び名が変わりますが、化粧品業界ではアミノ酸が2個ならジペプチド、3個ならトリペプチドと10個までは個別の呼び名があり、それ以上はオリゴペプチドと呼んでいます。アミノ酸が集まったものがペプチド、ペプチドが集まったものがタンパク質です。美容成分ではコラーゲンを分解して皮膚への浸透性を高めたコラーゲンペプチドなどが知られており、配合安定性や浸透性を高める目的でつくられた誘導体も多種類あります。

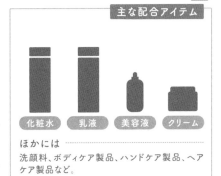

主な配合アイテム

化粧水　乳液　美容液　クリーム

ほかには
洗顔料、ボディケア製品、ハンドケア製品、ヘアケア製品など。

シワの溝を埋めて光を拡散させる

クロスポリマー

化粧品表示名 ジメチコン/（PEG-10/15）クロスポリマー

ルーツ ジビニルジメチルポリシロキサンで架橋した球状の粉体成分。

物理的

（ジメチコン／ビニルジメチコン）クロスポリマーは長年使われてきた高分子状のシリコーンパウダーです。化粧品にサラサラとした感触や滑らかな使用感を与えるため配合されます。水を弾く性質があるため、ウォータープルーフのメイクアップ化粧品に配合されることも多い成分です。また、小さな球状の粉体であることから、シワの溝を埋めて光を拡散反射させて目立たなくさせるソフトフォーカス効果があります。同様の機能で毛穴対策化粧品にも配合されます。

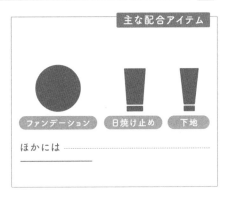

主な配合アイテム

ファンデーション　日焼け止め　下地

ほかには

コラーゲンを支えて弾力を保つ

エラスチン

化粧品表示名 加水分解エラスチン

物理的

ルーツ エラスチンを酸、酵素などで加水分解して得られる成分。

エラスチンとは真皮層でコラーゲンを束ねて強度を高める働きをする成分ですが、化粧品ではハリのある保湿成分として配合されます。コラーゲンが伸び縮みしない反面引っ張りに強い「膠原線維」であるのに対し、エラスチンは伸縮性がある「弾性線維」で、ともに皮膚のハリに欠かせません。ともに線維芽細胞により体内で作り出すことができますが、年齢と共に減少します。

主な配合アイテム

化粧水 乳液 美容液 クリーム

ほかには ....
_____

塗るボトックス?表情ジワに効果!

アルジルリン

化粧品表示名 アセチルヘキサペプチド-3

内側から改善

ルーツ ペプチドの一種でボツリヌス菌の毒素と同じ作用をもつシンの断片。

シワができるのを防ぐことを目的にスペインの研究所で設計されたペプチドです。表情ジワをつくる表情筋の偏った収縮をリラックスさせ、シワを予防・改善することに着目。美容医療でシワ改善に用いられるボトックス注射と似た効果があるとして「塗るボトックス」と呼ばれていますが、化粧品では、使用を続けることでの効果が期待されています。

主な配合アイテム

美容液 クリーム

ほかには ....
_____

シワ

皮膚の奥から立て直しシワを改善

エストラジオール類

化粧品表示名 エストラジオール、エチルエストラジオール

内側から改善

ルーツ 卵胞ホルモン(エストロゲン)の一種。

エストラジオールは皮膚内のコラーゲンやヒアルロン酸の生成を促すエストロゲン(代表的な女性ホルモン)の一種。真皮層の構成成分の合成を促進、皮脂合成を抑制する という効果が研究で確認されています。表皮の代謝を促す作用があるため、皮膚のダメージ回復が期待できます。ホルモンはごく微量で作用が出るので配合規制がある成分です。

主な配合アイテム

乳液 クリーム 美容液

ほかには ....
_____

Column

美容医療でのシワ対策は高濃度レチノール

美容医療ではシワ改善のため、レチノールが用いられています。医療の現場で使われるレチノールは化粧品に配合されるより濃度が高いため、効果があります。しかし、肌荒れや赤みなどのいわゆる「レチノール反応」が強く出やすいというデメリットがあります。治療を受けている間は紫外線の影響を受けやすくなるため、使用は夜のみ、日中も紫外線対策は不可欠。メリットとデメリットを考えた上で医師とよく相談して取り入れましょう。

ベタつきのケアは水分と油分のバランス

脂性肌

ポイントは水分と油分の適切なバランスケア

　額から鼻にかけてのTゾーンがテカっていて触れるとベタつく……。脂性肌の特徴です。脂性肌は皮脂の分泌が過剰なため毛穴が目立ち、ニキビなどの皮脂由来のトラブルが多くなります。また、過剰な皮脂が空気と触れて酸化し、シミやくすみといった酸化トラブルも引き起こしがちです。皮脂が過剰になる原因は

さまざまありますが、睡眠不足や偏った食生活、ストレスなども一因です。皮膚がベタつくため乳液やクリームなど油性の化粧品を使うのを控える傾向がありますが、水分蒸発を防ごうとしてますます皮脂の分泌が盛んになるという悪循環を招くこともあります。水分だけでなく適切な油分を与えることが重要です。

脂性肌になるメカニズム

**発達した皮脂線が
過剰に皮脂を分泌する**

ホルモンバランスの乱れや遺伝などの要因で皮脂線が発達すると、皮脂分泌が過剰になり、皮膚表面が脂っぽくテカって見えます。テカリが原因で毛穴が大きく目立ち、キメが粗くザラついた手触りになる、ファンデーションが崩れやすい、メイクアップの色がくすみやすいといった悩みも生じがちになります。

皮脂腺
皮脂腺が発達し
皮脂分泌が盛ん。

産毛

脂性乾燥肌に注意!

本来、皮脂は皮膚の表面で汗と混ざり合って皮脂膜を形成して水分蒸発を防ぐ天然のクリームのような役割を果たしています。皮膚のバリア機能に欠かせない存在、それが皮脂なのです。しかし、皮脂分泌が過剰になると皮膚の新陳代謝のサイクルが乱れてしまい、健康な角層が生まれにくくなります。さらに水分量が少なくなると、皮膚の表面はベタついているのにザラザラするといった状態になります。このように、皮脂が多いのに乾燥しているように感じるのは、新陳代謝が不完全で健康な角層が生まれていないからです。その状態を「脂性乾燥肌」と呼びます。

脂性肌なのに乾燥している状態を「インナードライ」と表現することがあります。あたかも「皮膚の表面はベタついているのに皮膚の内部は乾燥している状態」と解釈されがちですが、これは誤解を招く表現です。そもそも「皮膚の内部が乾く」ということはありません。

脂性肌の間違ったアプローチ法

脂性肌の人は「スキンケアをしすぎるとますます脂っぽくなる」など間違ったスキンケアをしがちです。化粧品の配合成分をチェックするのも大切ですが、その前にスキンケア方法に誤解がないか、確認してみましょう。

✕ 皮膚が脂っぽいから化粧水だけつけていればいい

化粧水だけのスキンケアはかえって水分と油分のバランスが崩れます。水分を与えたあとにはライトな使用感の乳液やクリームをつけるようにしましょう。

✕ 洗顔は1日に何回も行ったほうがいい

1日何度も洗顔する、洗浄力の強い洗顔料を使う、ゴシゴシこすって洗顔する…。これらは皮膚の水分を奪って乾燥させ、ますます皮脂量を増やす結果に。洗顔はこすらないように優しく、1日2回行うのがコツです。

✕ ベタつきをとるため角層を除去する化粧品を使う

角層を溶かす成分が入ったピーリング化粧品を使うと表皮が滑らかになります。しかし角層を無理にとると、不完全な角層細胞が生まれます。ピーリング化粧品は使用頻度を守ることが重要です。

脂性肌をケアする成分の働き

● 皮脂分泌抑制

過剰な皮脂分泌を皮膚内部から抑え、テカリの改善を目指します。

● 皮脂吸着

表皮についている余分な皮脂を吸着させ、サラサラとした感触に導く。

● 抗酸化

余分な皮脂が酸化することによるトラブルを防ぐ(146ページ「エイジングケア」参照)。

ライスパワーNo.6

医薬部外品表示名 米エキスNo.6、ライスパワーエキスNo.6

皮脂分泌抑制

ルーツ 抽出した米エキスに麹菌、酵母、乳酸菌などを組み合わせて発酵させた成分。

麹菌や酵母などを使って米エキスを発酵させた成分です。「ライスパワー」という成分名のあとに数字が続き、菌や微生物によって効果効能が異なります。その中で、No6.は皮脂分泌抑制の有効成分として承認された成分です*。ライスパワーNo.6は皮脂線に直接働きかけ、皮脂合成を低下させて皮脂の分泌量を抑える作用があると認められています。しかも皮脂は減少させるけれど、皮膚を乾燥させないという結果も得られているため、多くの皮脂対策化粧品に配合されています。

*その他のライスパワーについては72ページをご覧ください

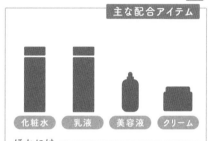

主な配合アイテム

化粧水　乳液　美容液　クリーム

ほかには
ヘアケア製品など。

Column

ライスパワーNo.6のターゲットは皮脂腺

過剰に分泌された皮脂は拭き取る、洗い落とすなどの方法で取り去るしかありませんでした。これだと皮脂の分泌量はそのままなので根本的な解決には至りませんでした。そうした中で開発されたライスパワーNo.6は皮脂腺に作用し、活発になりすぎる皮脂合成を抑えることで皮脂の分泌量を抑える働きがあります。これにより皮膚表面の皮脂膜を適切な量に導きます。

●従来の皮脂ケア

皮膚表面の皮脂を拭き取っても皮脂線が活発なままなので、分泌量は変わらずトラブルを繰り返す。

●ライスパワーNo.6

皮脂線に作用して過剰な分泌量を抑える。

ライスパワーの種類

ライスパワーは全13種類あります。ここでは代表的なものを紹介しましょう。

ライスパワーNo.11

皮膚水分保持機能改善の医薬部外品として承認されている。

ライスパワーNo.7

皮脂分泌を促進し、乾燥肌や乾燥に起因するかゆみの改善を目指す。

No.1-D

温浴効果が医薬部外品の有効成分として承認されている。

ライスパワーNo.3

洗浄時のバリア機能から皮膚を保護し、表皮の乾燥を防ぐ。

*詳細は72ページ参照

at hospital

13種のうち、ライスパワーNo.101は粘膜を修復することで体内のバリア機能を高める働きがあります。胃潰瘍の発症率抑制、アルコール性潰瘍の予防、胃潰瘍や胃がんの原因となるピロリ菌の抑制などさまざまな効果を期待されています。

caution!

ライスパワーの種類はさまざまですが、ライスパワーNo.7（皮脂の分泌を促す）のように正反対の働きをするものもあります。ライスパワーNo.6は医薬部外品の有効成分ですから製品には「皮脂分泌抑制」の文字があります。商品名だけでなくパッケージをよく見て選びましょう。

脂性肌

使い続けることで効果が持続

ライスパワーNo.6は皮脂分泌抑制が承認された有効成分ですが、これが配合された化粧品を使い続ければ皮脂の分泌量がおさまる、肌質が変わるというものではありません。右の図のように、使うことで皮脂量が減少しますが、使用をやめると徐々に元に戻ります。使い続けることで皮膚のよい状態を保つことができるので、日々のスキンケアに上手に取り入れましょう。

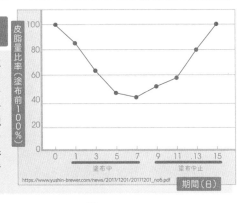

皮脂量比率（塗布前100％）

期間（日）

塗布中　　塗布中止

https://www.yushin-brewer.com/news/2017/1201/20171201_no6.pdf

☆ OKABE's EYE

ライスパワーNo.6は、酒造メーカーが開発し、2015年に医薬部外品の皮脂分泌抑制の有効成分として承認されました。米に自然界に存在する微生物を組み合わせた独自の「日本型バイオ」という醸造発酵技術によって生み出されています。日本生まれの美容成分はたくさんありますが、日本人に馴染み深い「米」を使った発酵エキスは現在多くの酒造メーカーでも開発されています。

皮脂の分泌をコントロールする実力者

ピリドキシンHCl

医薬部外品表示名	塩酸ピリドキシン、ビタミンB6 など

ルーツ ビタミンB6(化学名・ピリドキシン)に塩酸を結合させたビタミンB6の誘導体。

皮脂分泌抑制

もともと野菜やビール酵母、卵黄などに含まれており、体内ではタンパク質や脂肪の代謝に関わる成分です。体内で不足すると口唇炎や脂漏性皮膚炎を引き起こすことから、アレルギー症状が悪化するなどの影響があるといわれています。過剰な皮脂分泌を抑える働きがあり、脂性肌だけでなくニキビ対策の化粧品にも配合されています。医薬品として脂漏性湿疹、接触性皮膚炎、口唇炎、口角炎などの治療に用いられる、水溶性で安定性の高い成分です。

主な配合アイテム

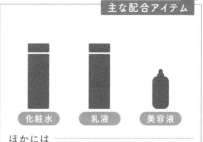

化粧水 　 乳液 　 美容液

ほかには
日焼け止め、医薬品など。

Column

化粧品に配合される主なビタミンB群

水溶性のビタミンであるビタミンBはその働きの多様さから「ビタミンB群」としてそれぞれ個別に命名され、その種類は8つあります。いずれも炭水化物からエネルギーをつくるという共通点をもちます。不足すると口内炎、舌炎、結膜炎、脂漏性皮膚炎、手足のしびれなどさまざまな弊害があるため、健康に必要なビタミンです。

ビタミンB群の種類と働き

ビタミンB1 皮膚や粘膜の健康を保ち、ブドウ糖をエネルギーに変換するのを助ける。

ビタミンB2 細胞の産生に関与し、新陳代謝のサイクルを整える。

ビタミンB6 皮膚炎を予防するとともに皮脂をコントロールする。

ビタミンB12 新陳代謝を助け、造血をサポートして血行促進に関わる。

ナイアシン コラーゲンの生成の促進、メラニン色素を抑制、セラミドの生成に関与する。

パントテン酸 細胞間脂質を増加させ、皮膚のバリア機能を高める。

葉酸 細胞の再生や代謝に関与し、ターンオーバーを促す。

ビオチン 皮膚の炎症やかゆみの原因となるヒスタミンの生成を抑制する。

102

ホップエキス

ルーツ クワ科ホップの雌花穂から抽出されたエキス。

ビールの原料でおなじみのホップは成分的にはタンニン、フラボン配糖体、精油成分のフムロンなどを含んでいます。抗菌、鎮静、保湿、収れん作用があるため、皮脂の分泌が盛んな皮膚を整え、引き締める作用があります。また、毛穴の状態を改善させる働きもあるため、脂性肌や毛穴が目立つ肌の改善を期待して化粧品に配合されます。角層細胞に含まれるケラチンをうるおわせて膨らませる作用もあり、角層を柔らかく整える効果も期待されています。

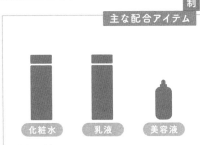

主な配合アイテム

化粧水　乳液　美容液

ほかには
シャンプーなどヘアケア製品に使われる。

Column

育毛剤に配合されるホップエキス

実験によりホップエキスは女性ホルモンの一つであるエストラジオールと同じ作用をもっていることがわかっています。この作用と、毛穴の状態を改善させる作用と合わせることで育毛効果が期待できるとしてヘアケア剤に配合されます。

ホップエキスは毛根の内部で育毛の指令を出す毛乳頭細胞を増やし、さらに育毛促進因子の遺伝子発現量を増やす働きもあるといわれます。そのため、毛乳頭細胞が増えるとともに「毛髪をつくれ」という指令も増え、育毛効果が期待できるとされます。今後、さらに研究が深まればより有望な美容成分となりそうです。

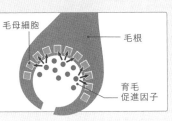

毛乳頭細胞が増加＋育毛司令の発現促進

ホップエキスにより育毛促進因子、毛乳頭細胞が増えることで育毛司令も増加する。

毛母細胞

毛根

育毛促進因子

紫外線防御と収れん作用の働き者

酸化亜鉛

医薬部外品表示名　低温焼成酸化亜鉛

皮脂吸着

ルーツ　亜鉛溶液または亜鉛鉱物から得られる白色の微細な粉末。

　酸化亜鉛は主に紫外線散乱作用を期待され、日焼け止めやUVファンデーションに配合されることが多い成分です(詳しくは145ページ)。それ以外にも皮膚のタンパク質に結合または吸着して被膜をつくる性質があります。さらに、皮膚を引き締める収れん作用や皮脂を吸着する作用があり、過剰な皮脂を抑えてサラサラの感触に整えます。また、医薬品では「亜鉛華」という名前で皮膚疾患の治療薬としても使われています。

主な配合アイテム

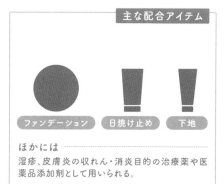

ファンデーション　日焼け止め　下地

ほかには
湿疹、皮膚炎の収れん・消炎目的の治療薬や医薬品添加剤として用いられる。

余分な皮脂を吸着してサラサラの肌に

シリカ

医薬部外品表示名　無水ケイ酸 など

皮脂吸着

ルーツ　自然界では石英、メノウ、珪藻土から得られる白色の粉体。

　シリカは二酸化ケイ素とも呼ばれ、人体の毛髪や血管、皮膚にも有機ケイ酸として存在しています。表面に小さな穴が無数に開いている多孔質の粉体で、表面積が大きいため吸湿性が高く、皮膚表面についた余分な皮脂を吸着してサラサラの状態に保つ働きがあります。この効果を期待して日焼け止めやファンデーションをはじめとするさまざまなメイクアップ化粧品に配合されます。また、化粧品の粘度を調整して、とろりとした質感を与えるために配合されることもあります。

主な配合アイテム

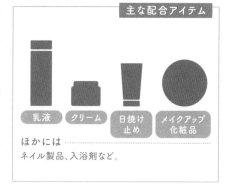

乳液　クリーム　日焼け止め　メイクアップ化粧品

ほかには
ネイル製品、入浴剤など。

過剰な皮脂を吸着して引き締める

カオリン

別称 白陶土、カオリナイト

ルーツ 自然界では花崗岩などが風化してできた白色の粉末。

皮脂吸着

カオリンは花崗岩などが由来の粘度類鉱物の一般的な名称で、層状の構造をしています。カオリンを砕いて精製された粉末を用いたものがクレイパックの原料となります。カオリンが主成分のクレイパックは吸収作用があり、過剰に分泌された皮脂や古くなった角層、毛穴の汚れを吸着・除去します。また、皮膚への吸着性が高い粘土鉱物の粉体という特性を利用して、マイクロスクラブ剤として用いられます。

主な配合アイテム

パック　洗顔料　スクラブ剤

ほかには
頭皮ケア製品、ネイル製品、メイクアップ製品など。

脂性肌

ひんやりした感触で皮脂を吸着・除去

ベントナイト

ルーツ 天然鉱物のモンモリロナイトを主成分とする粘土鉱物。

皮脂吸着

ベントナイトの主成分であるモンモリロナイトは水を吸収すると体積の数倍に膨らむ特性があります。さらに、水に分散させると粘性を帯び、各種陽イオンを吸着するなどさまざまな特性をもっています。皮膚に塗布すると細胞間脂質を奪うことなく皮脂のみを吸着するため、脂性肌用化粧品に使われ、さらに、化粧崩れを防ぐ目的の化粧下地やメイクアップ製品にも使用されます。また、ひんやりとした清涼感があることからパック剤などにも用いられます。

主な配合アイテム

パック　洗顔料　乳液　乳液

ほかには
メイクアップ製品、入浴剤、医薬品などのほかペット用トイレ砂などにも用いられる。

美容成分
②

キュッと引き締めてキメ細かな見た目に

毛穴ケア

荒れ肌に見える最大要因は『開き毛穴』にあり

肌悩みとして挙げる人も多い毛穴の開き。顔がテカる、ザラついて見えるなど見た目に関わるだけ悩みは深刻です。「毛穴レス」という言葉がありますが、毛穴が存在しない人はいません。赤ちゃんの肌は毛穴がないように見えますが、新生児も大人も毛穴の数は変わらないのです。ただ、成長するに従って毛穴が大きくなる・産毛が太くなる・皮脂腺が発達する・皮膚も伸びるため毛穴が目立つようになります。そして思春期になると皮脂分泌が

活発になるため、Tゾーンの毛穴が開いたように見えてしまいます。さらに、さまざまな要因で毛穴が開いたり、そこに詰まった汚れが黒ずんだりして目立ってしまい、毛穴の悩みにつながります。毛穴が開く原因は皮脂分泌が盛んな脂性肌特有のものだけでなく皮膚の水分不足、ストレス、加齢、食生活、紫外線などさまざまなものがあります。いずれの場合も自分の毛穴の状態と悩みの種類を見極めることが対策の第一歩となります。

毛穴のメカニズム

**毛穴は皮膚を守る
大切な存在**

毛穴とは皮膚の表面にある毛が生えている真皮層に達する小さな穴を指します。奥で皮脂腺とつながっており、ここから分泌される皮脂は汗腺から分泌される汗と混ざって皮脂膜を形成し、皮膚から水分が蒸発するのを防ぐ役割を果たします。

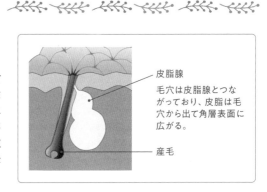

皮脂腺
毛穴は皮脂腺とつながっており、皮脂は毛穴から出て角層表面に広がる。

産毛

毛穴悩みの種類と原因

まるで毛穴がない陶器のような肌、いわゆる毛穴レスな肌が憧れといっても、それを実現するのはとても難しいもの。現実には顔のあちこちで毛穴はポツポツと目立ってしまいます。しかし「毛穴が悩み」といっても、その内容はさまざま。場所だけでも頬の毛穴もあれば鼻の毛穴もありますし、ポツポツと黒ずんだもの、広がったもの、白く角栓が詰まったもの、くぼんだものなど目立ち方にも種類があります。これらは毛穴が開いてしまう原因の違いということができます。そして、毛穴の種類・原因によって対策も違うものになります。改善に向けて的確なケアをするなら、まずは毛穴の種類と目立つ原因を知ることから始めましょう。

毛穴悩みの原因はさまざま

詰まり毛穴

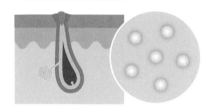

古い角層や外部からの汚れ成分、皮脂などが混ざり合って毛穴に角栓と呼ばれる白いかたまりが詰まった状態。鼻の周りやあごに多い。
→角栓を溶かす・ほぐし除去＋収れんの成分

黒ずみ毛穴

毛　穴に詰まった角栓や産毛が酸化して黒くなった状態。毛穴の部分がポツポツと黒い点に見える。鼻の頭に多くできる。
→角栓を溶かす・ほぐし除去＋美白成分

開き毛穴

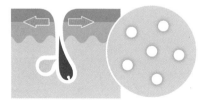

皮脂の分泌が過剰で毛穴が開いてしまった状態。脂性肌によく見られる。角栓を無理に抜くなど間違った毛穴ケアが原因のケースも多い。
→脂性肌対策成分

たるみ毛穴

皮膚のハリが低下し、毛穴が開いてしまった状態。開き毛穴と異なり、毛穴が下垂してしずく型になるのが特徴。頬によく見られる。
→エイジングケア成分

ＡＨＡ類

化粧品表示名	クエン酸、乳酸、グリコール酸、リンゴ酸など

ルーツ リンゴや柑橘類に含まれる有機酸。

角栓溶かす

AHAはフルーツ酸、α-ヒドロキシ酸とも呼ばれ、果物にも含まれる有機酸の総称です。ターンオーバーの乱れなどから皮膚に残った古い角層を柔らかくしたり除去したりすることですべすべの皮膚に導く作用があります。まるで玉ねぎの皮をむいたような変化が期待できるとして、古い角層を取り除く美容法を「ピーリング」と呼びます。古い角層を除去するだけでなく、毛穴に詰まった汚れや角栓を溶かす作用もあるため、毛穴の悩み改善に用いられます。ただし、水酸化Naなどのアルカリ成分で中和するとピーリング効果はなくなり、保湿成分に変わります。

主な配合アイテム

洗顔料　　乳液　　美容液

ほかには
美容医療のケミカルピーリング剤など。

Column

種類はさまざま！AHA製品の使い方

AHAは古くなった角層を除去する、毛穴に詰まった汚れや角栓を溶かすなどの作用があります。皮膚に水分や油分を与える目的の化粧品ではないため、皮膚に与える刺激はゼロというわけではありません。製品の種類は洗顔料から拭き取り化粧水、美容液などさまざまありますが、処方により製品の安全性や効果の出方が異なります。使用頻度や使用量などの記載は必ず明記してあるので、よく読んで使用法を守ってください。

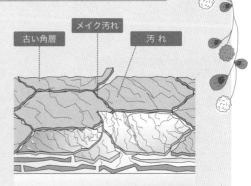

古い角層　　メイク汚れ　　汚れ

古くなった角層や汚れ、毛穴の角栓がある皮膚は表面がざらついて見える。

AHAの種類

グリコール酸

サトウキビ・未熟なブドウの果実由来。
分子は小さくピーリング効果が高い。
→120ページ参照

乳酸

サワーミルク由来。
低濃度で効率よく効果を発揮する。
→121ページ参照

リンゴ酸

リンゴ由来。皮膚を弱アルカリ性に導く。
→125ページ参照

クエン酸

柑橘系の果実由来。
殺菌作用や抗菌作用もある。
→175ページ参照

at hospital

毛穴やニキビ、くすみのケアやニキビ痕の改善のため「ケミカルピーリング」という施術に用いられます。医療の現場では医師の管理のもと化粧品に配合されるものより高濃度のAHAが使用され、もし皮膚になんらかの反応が出た場合は、トラブルに合った対応をしています。

caution!

AHAは古くなってゴワついた角層や毛穴に詰まった角栓を溶かして除去するため、使用後はつるつるの手触りになります。そのため、指定された頻度を超えて使ってしまう例があります。使いすぎると未成熟な角層も溶かしてしまうため、皮膚のバリア機能が失われて乾燥する、荒れるといったトラブルが起こりがちに。使いすぎや必要のない皮膚への使用は控えるようにしましょう。

毛穴ケア

\ OKABE's EYE //

溶かす・吸着する・除去する… 毛穴の対策はいろいろ

　若い世代の肌悩みはニキビや脂性肌となりますが、30代以降になるとシミやシワ、たるみ…などと年齢によって肌の悩みはさまざま。一方、世代を超えて共通するのが毛穴の悩みです。そのため、化粧品各社はさまざまなアプローチ方法で毛穴対策の化粧品を発売しています。そ

れと並行するかのように、一般の方が発信する「毛穴ケア方法」も目立ちます。これらの方法のすべてが間違っているとはいいませんが、中には効果がないどころか逆効果の方法もたくさん。肌を傷つけないためにも、正しい方法と誤った方法をまとめました。

正しい毛穴対策

● 角栓を溶かす成分配合の化粧品を使う
　AHA類（108ページ）、リパーゼ（110ページ）、
　プロテアーゼ（111ページ）配合

● 皮脂を吸着させる成分を活用する
　酸化亜鉛、シリカ（ともに104ページ）、
　カオリン（105ページ）

誤った毛穴対策

● 角栓を抜く
　ピンセットなどを使って抜く、爪を使って押し出すなど、
　無理に角栓を抜くと毛穴が広がったままになる危険性も。

● ブラシを使ってゴシゴシ洗う
　毛穴の汚れをかきだそうとゴシゴシ洗うと皮膚を傷つける
　原因に。洗顔は優しく行うのが鉄則。

リパーゼ

ルーツ	トリグリセリドをグリセリンと脂肪酸に加水分解する酵素。

リパーゼは脂肪分解酵素といわれるように皮脂の主成分であるトリグリセリドを加水分解する酵素の総称です。皮膚の表面にある古い角層細胞や毛穴に詰まった古い皮脂やタンパク質である角層に作用してはがれやすくするため、化粧品に配合されます。白く固まった角栓や酸化して黒くなった黒ずみ毛穴の対策だけでなく、皮脂分泌が多くてザラついた皮膚の表面を滑らかに整える作用が期待されています。

主な配合アイテム

洗顔料

ほかには
衣料用洗剤などにも用いられる。

Column

毛穴悩みにアプローチする「洗顔」方法

毛穴にアプローチする成分を配合した製品を使うだけでなく、洗顔方法も見直しましょう。

● 製品にあった使い方をする

洗顔料は泡立てるタイプだけではなく泡立て不要のタイプがあります。いずれも正しい使用法で初めて効果を発揮するので、自己流は禁物。使用法に従いましょう。

● 気になる箇所は力を入れることも必要

洗顔は力を入れず優しく行うのがセオリーですが、毛穴の汚れはこすることで物理的に落とすことも可能。ただし、皮膚が動くほど力を入れるのは禁物です。

脂肪分解酵素の製品

効率よく毛穴をケアするため、現在よく用いられているのは脂肪分解酵素とタンパク質分解酵素を組み合わせた処方。角栓は脂肪である古い皮脂とタンパク質である角栓がからみあったものなので、ダブルの効果を狙った製品が多い。AHA類など酸の働きを加えた製品も多く、多角的なアプローチが主流となっている。代表的な製品に酵素の力で汚れを浮かせて落とすことを目指す酵素洗顔料があり、次の2タイプに分類できる。

パウダータイプ

粉末状の洗顔料で、多くの場合1回分ずつの分包になっている。水に溶かして使う、洗顔料に混ぜるなどメーカーにより使い方はさまざま。

フォームタイプ

一般的な洗顔料と同様のペースト状で、水を加えて泡立てて使用する。パウダータイプに比べて作用が穏やかな製品が多い。

プロテアーゼ

別　称 パパインなど

ルーツ 枯草菌や放線菌が産生するタンパク質分解酵素をろ過し精製した原料。

毛穴から過剰に分泌される皮脂と、本来ならターンオーバーによってはがれ落ちるはずだった古い角層細胞が結びついたものが角栓です。通常の皮脂汚れとは異なり、硬いかたまりになっているため通常の洗顔では落とすことができません。そこで、角栓の主成分であるタンパク質を加水分解によって分解するのがプロテアーゼ、タンパク質分解酵素です。ザラついた手触りの皮膚につけることで古くなった角層がはがれやすくなり、滑らかな感触になります。

主な配合アイテム

洗顔料

ほかには
シャンプーなどヘアケア製品にも用いられる。

＼ OKABE's EYE ／

生きている限り、「毛穴」との付き合いは続きます

「毛穴レス」という言葉があるように、陶器のような毛穴が見えない肌に憧れる人は多いことでしょう。毛穴の悩みを抱えている人の中には、顔にくっつけるように鏡をもって毛穴チェックをしていたり、毛穴を隠したいからとファンデーションを塗り重ねていたりする人もいるようです。しかし、人は陶器ではないのですから、「毛穴レス」や「毛穴ゼロ」にすることはできません。生きている限り代謝が行われ、皮脂が分泌され、空気と触れて酸化し……と毛穴に汚れが詰まってしまうことは止められないということを、まず自覚しましょう。陶器肌になろうとファンデーションを厚塗りして毛穴の悩みを深刻化させるケースもありますが、隠すことよりも次の3点を意識して、日常的なケアを見直してほしいと思います。

● 洗顔に気をつける

洗顔料に配合されている成分だけでなく、洗顔方法にも気をつけましょう。洗顔前に温かいタオルを顔に乗せて顔を温めると毛穴の汚れが落ちやすくなるのでおすすめです。

● 保湿ケアを行う

毛穴悩みは乾燥から起きることもあります。保湿ケアはしっかりと行いましょう。

● ターンオーバーを整える

毛穴の悩みはターンオーバーの乱れが原因になることがあります。ターンオーバーを正常に整える成分配合の化粧品もおすすめです。

鎮静のエキスパートが黒ずみ毛穴をケア

グリチルリチン酸2K

医薬部外品表示名	グリチルリチン酸ジカリウム、グリチルリチン酸二カリウム

消炎

ルーツ マメ科植物カンゾウの根または茎から抽出精製した成分。

グリチルリチン酸2Kは、古くから漢方薬として知られているカンゾウ（甘草）の根または茎から抽出したグリチルリチン酸を、水に溶けやすくした成分です。抗炎症作用が高く、医薬部外品の肌荒れ防止の有効成分として承認されています。分泌された皮脂による炎症を抑える働きがあるため、開き毛穴の対策に適しています。セラミドの働きをサポートする働きもあり、とても頼もしい美容成分です。うるおいのある健康的なバリアをつくるため、敏感肌のスキンケアにも向いています。

主な配合アイテム

化粧水　乳液　美容液　クリーム

ほかには
日焼け止め、化粧下地、頭皮・ヘアケア製品など。

Column

万能に使えるお守り的な成分

グリチルリチン酸2Kはその高い抗炎症効果から、口内炎、喉の炎症などの症状を改善する医薬品の成分としてもよく使われています。化粧品としても肌荒れ、ニキビ、美白、敏感肌など幅広い製品に配合されます。これは生薬として歴史がある、研究も多い、効果に対する信頼も厚い原料が安定して供給されるなどの理由があります。さまざまな肌悩みに応えてくれる、化粧品の開発者にとってはお守りのような成分です。

グリチルリチン酸2Kを生み出すカンゾウの美容パワー

カンゾウはマメ科植物で南ヨーロッパからアジアまで広く分布しています。植物由来成分としてナチュラル化粧品に用いられるカンゾウ根エキスは、漢方薬として精神安定効果や筋肉や関節、腹部の緊張緩和作用による鎮痛効果など、さまざまな用途で使われています。食品分野では砂糖よりも強い甘みをもつことから、甘味料としても使われています。

グリチルレチン酸ステアリル

ルーツ マメ科の植物カンゾウの根または茎から得られるグリチルレチン酸の脂溶性誘導体。

カンゾウから得られるグリチルレチン酸を油に溶けやすくした成分がグリチルレチン酸ステアリルです。紫外線や酸化にも耐性があり、安定配合に適しています。この性質のため、油分の多いクリームやオイルなどの製品にも配合しやすくなりました。さらに油溶性成分のため、毛穴に詰まった油っぽい汚れや角栓になじみやすく、毛穴の悩みを溶かし出す効果が期待されます。また、ニキビや肌荒れ対策化粧品に配合されます。

主な配合アイテム

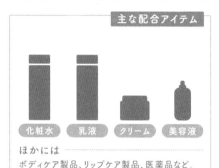

化粧水　乳液　クリーム　美容液

ほかには
ボディケア製品、リップケア製品、医薬品など。

毛穴ケア

Column

万能選手の「グリチルリチングループ」

グリチルリチン酸とグリチルレチン酸は、ともに古くから生薬として用いられるカンゾウの主成分であるグリチルリチンに由来する成分です。カンゾウに含まれるグリチルリチンには以下の作用があるとされています。

- 抗炎症作用
- 副腎皮質刺激作用
- コレステロール低下
- 胃粘膜保護作用
- 抗アレルギー作用

このように幅広い薬理作用があるとされており、皮膚に対しても湿疹や皮膚炎の治療にも用いられます。

グリチルリチン酸2Kとグリチルレチン酸ステアリルの違いは、水に溶けやすいか、もしくは油に溶けやすいかの違いで、それぞれの特性を活かして配合する製品が変わります。グリチルレチン酸ステアリルも、化粧品開発者にとって確かな効果が期待できる成分です。

海 塩

医薬部外品表示名	海水乾燥物

ルーツ 海水から得られた塩類の混合物。

皮脂分泌抑制

引き締め・収れん

海塩はナトリウム、マグネシウム、カルシウムほか多くのイオン成分が豊富で、皮膚の細胞を活性化させ、新陳代謝と保湿効果をもたらすとして、化粧品に配合されます。収れん作用にすぐれているため、開いた毛穴を引き締め、キメを整える目的で用いられます。化粧品に配合されるほか、スクラブ剤やマッサージ化粧品の原料としても使用されており、毛穴に詰まった汚れや角栓を取り除くサポートも期待されます。塩の粒による刺激があるため、敏感肌への使用は注意が必要です。

主な配合アイテム

洗顔料　化粧水

ほかには
スクラブ剤、入浴剤など。

Column

毛穴やニキビのケアに効果？「塩洗顔」とは

ハリウッド女優が実践しているとして話題になった美容法、「塩洗顔」。毛穴に詰まった汚れや古くなった角層細胞がとれて肌色が明るくなる、むくみがとれるなどさまざまな効果があるとして、一躍話題になりました。

ミネラル分が豊富な塩をぬるま湯で溶いてペースト状にし、こすらないようにして洗うという方法と、塩を溶かしたぬるま湯で顔を洗うという方法の2つがあります。いずれにしろ刺激があるため毎日行わないこと、ピリピリするなど刺激を感じたら中止することなど注意して行うようにしてください。敏感肌には刺激が強いので、おすすめできません。

世界には塩を使ったさまざまな美容法があります。一部を紹介しましょう。

バスソルト

塩を入浴剤として使う方法。豊富なミネラルにより、発汗・保温効果が高まる。

ボディスクラブ

塩をスクラブ剤として使う方法。粒子が粗い塩だと皮膚を傷つける恐れがあるため、粒子の細かい塩を使うなど注意が必要。

頭皮ケア

塩をトリートメント剤として使う方法。シャンプー後の髪に振りかけ頭皮をマッサージする。フケ防止を目指して実践する人も。

塩化Al

医薬部外品表示名　塩化アルミニウム

ルーツ　水に溶けやすい白〜微黄色の結晶性の粉末。

角栓溶かす

塩化Alはアルミニウムの塩化物で、皮膚のタンパク質を凝固・収縮させることによる強力な引き締め作用があります。毛穴を引き締めて皮脂や汗の分泌を抑えるためスキンケア製品のみならず、化粧崩れ防止を期待して日焼け止めや化粧下地にも配合されます。また、汗腺を収縮させる作用から制汗剤などのデオドラント製品にも配合されます。刺激性・腐食性が高いので近年はあまり使わない傾向があります。

主な配合アイテム

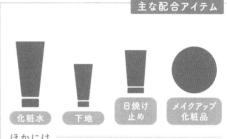

化粧水　下地　日焼け止め　メイクアップ化粧品

ほかには
増強目的の医薬品添加剤として筋肉注射、皮下注射に用いられます。

毛穴ケア

\\ OKABE's EYE //

毛穴対策に加えたいビタミンC成分

　毛穴のトラブルはさまざまな種類があり、原因があり、それぞれ対策が異なります。だからこそ的確に毛穴対策をしながら、自分の毛穴がどのような状態になっているか、原因はどこにあるのかを見極めて製品を選ぶことが重要だということは、すでにお伝えしたとおりです。

　では、どのようなタイプの毛穴でも改善に導いてくれる、救世主のような成分はないのでしょうか。実は、それに該当する成分があります。それが、スーパースター成分、ビタミンC類（80ページ）です。

　ビタミンCが毛穴に与える効果をあげてみましょう。

●新陳代謝を促して古い角層細胞をたまりにくくする。

●過剰な皮脂分泌を抑え、毛穴の黒ずみや開きを予防する。

●コラーゲンの生成を促して皮膚を引き締め、毛穴を目立たなくさせる。

●色素沈着を抑え、黒ずんだ毛穴を改善に導く。

このように、ビタミンCは毛穴に対して多角的なアプローチをすることが期待できます。

　もちろん、ビタミンC類が配合された化粧品が万能というわけではなく、食事や生活リズムの改善、適切なスキンケアが重要なことはいうまでもありません。

徹底した皮脂対策で深刻なトラブルを回避

ニキビ

ニキビは早めの対策で悪化を防ぐ

ニキビは毛穴にできる炎症で、放置すると重症化する、痕が残ることもあるというやっかいな皮膚トラブルです。

そもそもニキビは「過剰な皮脂分泌」「毛穴出口の角化異常」「アクネ菌の増殖」という3つの原因で発生します。皮脂量が多くなると毛穴が角化異常を起こし

て出口が詰まり、出口が詰まると排出されなくなった皮脂の中でアクネ菌が増えて炎症を起こす、といった具合に複数の原因が重なりあって悪化します。ニキビを防ぐには、初期段階からのケアが重要で、そのためにも適切な成分を選ぶことが欠かせません。

ニキビの種類

ニキビは毛穴が詰まった「コメド」と呼ばれる状態から始まります。この段階では皮膚がザラつく程度ですが、放置しているとアクネ菌が増殖し治りにくく、治った痕が残りやすくなります。

軽症 炎症のないニキビ			炎症を起こしたニキビ 重症	
			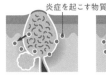	
マイクロコメド **極小面ぽう**	**白ニキビ**	**黒ニキビ**	**赤ニキビ**	**黄ニキビ**
毛穴の出口が狭くなり、皮脂が詰まり始めた状態。まだ目に見えない。	皮脂が毛穴に詰まり、ポツっとした小さな白い点に見える。炎症を起こす前の初期のニキビ。	白ニキビと同じ状態だが、毛穴に詰まった皮脂が酸化することによって黒く見える状態。	コメドが悪化し、アクネ菌が増えて皮脂を食べて遊離脂肪酸を出して神経に入り、赤く腫れて炎症を起こしている状態。	赤ニキビがさらに悪化し、炎症が激しくなって黄色ブドウ球菌などが繁殖して黄色い膿が見える状態。

毛穴／毛包／アクネ菌／皮脂腺／炎症を起こす物質／コメド

毛穴悩みの種類と原因

「ニキビは青春の象徴」といわれた時代があったほど、ニキビは思春期の肌悩みの代表格でした。これは、10代は成長期のため皮脂分泌が盛んな時期だということやホルモンバランスが乱れることに原因があります。思春期ニキビは、顔全体、特に額から鼻のTゾーンにできるということ、もともと脂性肌に多いという特徴があります。

これに対して大人ニキビの原因はホルモンバランスや生活習慣の乱れ、そしてストレス、新陳代謝の乱れや皮膚のバリア機能の低下など、いくつもの原因が複雑にからみあって起こります。ニキビができ

きる場所もあご周りのUゾーンといわれるフェイスラインや頬、口元にできるのが特徴です。

こうしたことから「思春期ニキビと大人ニキビは別物」とされます。しかし、原因は違ってもニキビの性質や進行は変わりありません。それぞれ異なる原因から「過剰な皮脂分泌」「毛穴の詰まり」「アクネ菌の増殖」が起こり、進行していきます。

原因が異なるため、大人ニキビは「規則正しい生活を送る」「ストレス解消を心がける」「食事のバランスを整える」という生活習慣からの改善も必要だということをお忘れなく。

ニキビを予防する基本の生活習慣

● 優しく
ていねいな洗顔

ニキビケアは刺激の少ない洗顔料で優しく洗うのが大切。髪の生え際やフェイスラインに残った泡がニキビの原因になることも多いため、すすぎはしっかりと。

● クレンジングは
完璧に

油分の多いファンデーションが毛穴をふさいでしまうことがニキビの原因になることも。メイクをした日はクレンジング料を使って完璧にメイクを落とすことが重要。

● 睡眠時間は
たっぷり確保

皮膚の新陳代謝は睡眠中に行われるため、十分な睡眠が不可欠。ニキビだけでなく、さまざまなトラブルを予防・改善するには、まず睡眠を見直すことが最初の一歩。

食品でニキビ予防する

ニキビ対策の栄養素はこれ!

● タンパク質…肉、魚、卵、大豆、乳製品など
● ビタミンB2…卵、納豆、レバーなど
● ビタミンB6…マグロ、カツオ、サケ、肉など
● 食物繊維…
　穀物、イモ類、豆類、野菜・果物など

大人ニキビの栄養素はこれ!

● ビタミンA…
　ニンジンなど緑黄色野菜、チーズなど
● ビタミンB1…
　胚芽米、玄米、豚肉、うなぎ、豆腐など
● ビタミンC…
　ブロッコリー、レモン、赤ピーマンなど

o-シメン-5-オール

医薬部外品表示名 | イソプロピルメチルフェノール

ルーツ | フェノールの誘導体。

抗菌作用

抗菌作用をもつ成分として、薬用石けんや薬用歯磨き、制汗剤などにも用いられる成分です。広範囲の細菌やカビなどに平均的に働き、臭いや刺激が低く安全性が高いため、医薬品や医薬部外品、化粧品に活用されています。ニキビの原因となるアクネ菌に対しても抗菌作用があるとして、予防を目的とした化粧品に配合されます。また、顔にできるアクネ菌が原因のニキビだけでなく、背中ニキビの主な原因となるマセラチア菌に対する抗菌作用も期待できます。

主な配合アイテム

洗顔料 | 化粧水

ほかには
薬用歯磨き、洗顔料など。

Column

市販薬を使ったニキビケア

化粧品・医薬部外品が対応するのはニキビの予防まで。できてしまったニキビを治すなら、まずは市販薬を使ったセルフケアとなります。日本皮膚科学会では炎症の程度と個数によりニキビ治療のガイドラインを定めています。それによると、市販薬を使ったニキビ治療が対応できるのは「軽症」まで。痛みを伴うニキビが顔の半分に6個以上ある、化膿がひどい、しこりのような状態という症状がある場合は市販薬で対応せず、皮膚科の受診が推奨されます。

ニキビに対応する市販薬の成分

※化粧品成分、医薬部外品成分以外のものも含まれます

● 化膿による悪化を防ぐ殺菌成分

イソプロピルメチルフェノール、レゾルシンなど。

● 赤くなったニキビに抗炎症成分

イオウ、レゾルシン、酸化亜鉛、グリチルレチン酸など。

● 黄色く膿んだニキビは抗生物質

クロラムフェニコール、セトリミドなど。
※黄色く膿んでしまったら早めの皮膚科受診がおすすめです。

サリチル酸

殺菌成分

ルーツ ギリシア時代に鎮痛作用のあるヤナギから発見。現在は化学合成物が用いられる。

角層を溶かす作用をもつ酸で抗菌作用もあるため、ニキビケアの医薬部外品有効成分として承認されています。古い角層を溶かして角栓除去を促す作用やアクネ菌の増殖を抑える作用が期待され、ニキビケア化粧品に配合されています。炎症がある、毛穴が詰まっている、何度も繰り返してしまうというニキビの症状にも効果が期待できます。皮膚科で処方される治療薬にも配合されていますが、化粧品や市販薬より濃度が高いため、医師や薬剤師の指導に従って使用してください。

主な配合アイテム

洗顔料　化粧水　美容液　クリーム

ほかには
清涼感のある成分なのでヘアケア、ボディケア製品にも使われる。

ニキビ

at hospital

サリチル酸はニキビの治療や毛穴をケアするとして医療機関で行われるケミカルピーリングの薬剤としてよく知られています。高濃度のサリチル酸を使用できるため効果が高く、アフターケアも万全と安全性が高いのが特徴です。一方エステで行われるケミカルピーリングはサリチル酸の濃度が低いため、肌がつるつるになる以上の効果は期待できません。

caution!

サリチル酸はもともと刺激が強い成分なので、肌が弱い、赤くなりやすいといった敏感肌タイプは医療機関のケミカルピーリングを受けることができない場合があります。化粧品は濃度が低く安全性を考慮して設計されているため、医療用のように強い反応が出ることはまれ。しかし、人によっては刺激を感じることもあります。使用後に肌がピリピリする、乾燥したなどの変化があった場合は使用を中止しましょう。

その他の役割

イボやタコ、ウオノメなどを取るために用いられる医薬品の主成分はサリチル酸。日本で古くから使われているイボ取りの民間薬も、サリチル酸が配合されています。

119

グリコール酸

ルーツ クロロ酢酸などから化学的に合成された成分。

角層柔軟

自然界ではサトウキビやブドウの実や葉などに含まれる成分です。角層を柔らかくして余分な角層細胞を除去する作用があり、乾燥してザラついた皮膚を滑らかに整える目的でも用いられます。サリチル酸と同様にピーリング剤としても使われますが、サリチル酸が硬い角層を柔らかくするなどの作用が強いのに対して、グリコール酸は比較的マイルドで、配合量次第ですが、日本人の肌との相性がよいといわれています。毛穴詰まりを解消する効果が期待され、ニキビ対策化粧品に配合されています。

主な配合アイテム

洗顔料　化粧水　美容液

ほかには
フット・ボディ用製品などにも使われる。

Column

AHAとBHAの違い？

グリコール酸はクエン酸、リンゴ酸、乳酸と同じくAHA（α-ヒドロキシ酸・108ページ）の一種です。対してサリチル酸はBHA（β-ヒドロキシ酸）の一種で、毛穴が詰まる原因となる余分な皮脂や古い角層細胞を柔らかくして取り除く作用があります。いずれも医療機関でピーリング剤として用いられますが、AHAのほうが作用が穏やかで、その中でもグリコール酸はもっとも低分子で浸透性が高く、より効果が期待できる成分です。

AHA
- 水溶性
- 皮膚内部まで浸透はしないが、表面の角層柔軟作用が早い
- ピーリング初心者向け

BHA
- 水にも溶けるが脂溶性
- 表皮から毛穴の内部まで働きかけ、古い角層細胞の除去・毛穴の詰まりの改善を目指す
- ニキビ悩みへアプローチするが刺激が強い

乳 酸

ルーツ デンプン類を発酵または化学合成したもの。

乳酸は人の体内にも存在する物質で、配合量によって働きが大きく異なるという特徴があります。配合量が少ない場合は角層を柔軟にする柔軟剤として働くため、保湿柔軟化粧品に配合されますが、多い場合はピーリング剤として使われます。ピーリング作用はグリコール酸と同じくらいあるものの、皮膚への働きかけはマイルドなのが特徴です。また、pH調整剤として配合される場合もあります。

主な配合アイテム

| 洗顔料 | 化粧水 | 乳液 | 美容液 |

ほかには
頭皮ケア製品、メイクアップ製品など。医薬品添加剤としても使われる。

乳酸の種類

乳酸Na

乳酸と水酸化ナトリウムを中和させてできた塩。人の皮膚のNMF（天然保湿因子）にも含まれます。酸である乳酸とは性質が違い、グリセリンと同じ程度の力で水分を吸着して保湿力を発揮するため、グリセリンの代用としても用いられます。
医薬部外品に配合される場合は「乳酸ナトリウム」と表記されます。

Column

乳酸の別名は筋肉疲労物質

体内に存在する乳酸は糖をエネルギーに変換する糖代謝の過程で生成される物質で、生成された乳酸は肝臓でエネルギーに作り替えられます。このようにして、体内に乳酸がたまりすぎるのが筋肉痛や筋疲労の原因です。主な症状はむくみ、だるさ、肩こりなど。運動をしていなくてもじっとしていることで筋肉の硬直と血管の収縮が起こり、乳酸が蓄積して症状が出ることもあります。

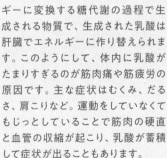

イオウ

ルーツ 天然ガスや石油の精製過程である脱硫装置から回収されたものがほとんど。

イオウは水にも油にも溶けない成分で、皮膚表面のタンパク質などの成分と反応して硫化物となり、角層を柔らかくして傷んだ古い角層細胞を取り除く作用があります。さらに殺菌作用もあるため、殺菌と角層細胞除去のダブル作用でニキビにアプローチするとして、古くからニキビ治療に用いられてきました。医薬品成分ですが化粧品にも使用できます（配合規制があります）。また、還元漂白作用があるため、メラニン色素の生成を抑えるとして美白化粧品に配合されることもあります。

主な配合アイテム

| 洗顔料 | 化粧水 | クリーム |

ほかには
疥癬や白癬などの皮膚疾患の治療薬、フケ防止のシャンプー、ヘアケア製品に用いられる。

caution!

イオウ配合の製品でもっともニキビに対する効果が期待できるのは市販薬を含めた医薬品。化粧品より高濃度のイオウが配合されているため、イオウ成分は銀製品に触れると黒く変色させる特性があります。イオウ配合の医薬品を使う際は、銀のアクセサリー類ははずすようにしましょう。

Column

化粧品にイオウの匂いはある？

イオウといえば独特のゆで卵のような匂いがする温泉が連想されます。実はイオウ自体は無臭。温泉の独特な匂いは、イオウと水素の化合物である硫化水素の匂いなのです。だからイオウ配合の化粧品が臭うということはありません。

赤みや腫れを抑えてニキビを防ぐ

アミノカプロン酸

別称 ε-アミノカプロン酸

ルーツ カプロラクタムを加水分解して得られる中性アミノ酸。

抗炎症

人の体内には血液中の血栓を破壊するなくてはならない物質、プラスミンがあります。一方、プラスミンはアレルギーやその後の炎症を引き起こす作用もあります。アミノカプロン酸はこのプラスミンの活性を抑えることで炎症やアレルギーを抑制、または止血する働きがあります。そのため、炎症によって重症化するニキビの改善を期待してニキビ用化粧品に配合されます。そのほか、皮膚の炎症である肌荒れや炎症後色素沈着というシミ対策の化粧品にも配合されます。

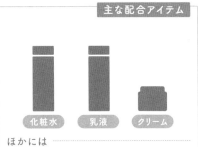

主な配合アイテム

化粧水　乳液　クリーム

ほかには

ヘアケア製品、歯肉炎予防歯磨き、目薬を含む医薬品など。

抗アクネ菌と角層柔軟の2つの作用

レゾルシン

ルーツ 3-ベンゼンジスルホン酸を水酸化ナトリウムと融解してつくる。

抗炎症

レゾルシンはニキビの原因であるアクネ菌を殺菌する作用があり、ニキビが重症化することや炎症を広げることを防ぐ効果が期待できるため、ニキビ予防の医薬部外品の有効成分として用いられています。また、皮膚表面のタンパク質と反応してタンパク質表面の構造を変化させることで角層を柔らかくする作用があります。このことではがれにくくなった古い角層細胞を取り除きやすくします。アクネ菌殺菌作用と角層剥離作用があることで、ニキビに対して効果が期待できます。

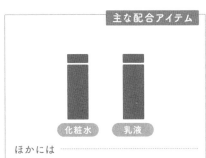

主な配合アイテム

化粧水　乳液

ほかには

フケ・かゆみを防ぐヘアケア剤、ニキビの医薬品、ヘアカラーなど。

ニキビ

123

消炎作用と細胞活性作用でニキビをケア

アラントイン

ルーツ 19世紀頃に牛の羊膜の分泌液から発見された成分。

アラントインは生物界に多く存在する成分で、植物の新陳代謝により生み出されます。現在はムラサキ科の多年草コンフリーの葉などから抽出されるほか、尿素からも合成されています。化粧品としては消炎作用や細胞の増殖を促して皮膚の再生を目指す作用を期待され、炎症や赤みが起きやすいニキビのケアを目的に配合されます。また、傷ついた組織を修復する作用があると考えられ、皮膚を健やかに整え、美肌に導く効果が期待され、さまざまな化粧品に配合されています。

主な配合アイテム

洗顔料　化粧水　美容液　クリーム

ほかには
湿疹・皮膚炎などの外用治療薬、点眼薬、医薬品添加剤として用いられる。

Column

韓国発コスメ
カタツムリエキスの正体は？

2010年代半ば、カタツムリの分泌液を配合したカタツムリ化粧品が一大ブームを巻き起こしました。このカタツムリの分泌液に含まれていたのがムコ多糖類とアラントイン。カタツムリ化粧品は韓国で「食用カタツムリの養殖業者は手にけがをしても早く治る」といういい伝えがきっかけで開発されたといわれますが、それもアラントインの消炎作用が効力を発揮していたといわれています。現在、カタツムリ化粧品のブームは静まり、製品も日本ではあまり見なくなりました。

チャレンジ精神旺盛な韓国化粧品の成分

韓国で話題を集めている化粧品成分を紹介します。

● バクチオール

レチノールの進化版として日本でも注目を集めている成分です。

● ドクダミ、ヨモギ

日本では古くから民間薬として用いられてきた植物成分です。

● 米由来成分

米を原料とした韓国の発酵酒、マッコリから着想を得た化粧品成分です。

● ビーツ

アントシアニンなどのフラボノイドが豊富なビーツが化粧品成分として注目されています。

リンゴ酸

医薬部外品表示名　DL-リンゴ酸

ルーツ 自然界ではツツジ科植物シラタマノキの果実やスイートバーチの主成分。

自然界ではリンゴ、ザクロ、ブドウなどの果皮や野菜に多く含まれる有機酸です。果実に含まれる天然のリンゴ酸はL-リンゴ酸、対してジュースなどの加工食品や歯磨き、化粧品、シャンプーなどに配合されている化学合成品はDL-リンゴ酸です。古い角層を柔らかくして除去するピーリングの作用があるAHA（α-ヒドロキシ酸・108ページ）の一種で、毛穴の詰まりをゆるめてニキビを予防します。有機塩類と処方し、pH調整を目的として柔軟化粧水にも配合されます。

主な配合アイテム

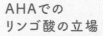

洗顔料　化粧水　クリーム

ほかには
経口剤、外用剤、口中用剤の医薬品添加剤として用いられる。

リンゴ酸の種類

リンゴ酸は種類によって用途が異なります。代表的な2種類を説明します。

リンゴ酸ジイソステアリル

リンゴ酸と高級アルコールのイソステアリルアルコールの化合物。粘度があるのにベタつきが少ないのが特徴。スキンケア化粧品のほか、メイクアップ製品の顔料を均一に分散する、色素を溶解する目的で配合される。

リンゴ酸ナトリウム

食品添加物。食塩などの調味料との併用で塩味を低減・低塩化ができる。

Column

AHAでのリンゴ酸の立場

リンゴ酸はAHAの中ではクエン酸（108ページ）よりピーリング効果が高く、グリコール酸（120ページ）、乳酸（121ページ）よりもマイルドなため、製品のpH調整を兼ねて幅広い製品に使用されています。

10-ヒドロキシデカン酸

ルーツ ローヤルゼリーに含まれる脂肪酸。

10-ヒドロキシデカン酸は脂肪酸のひとつで、ローヤルゼリーの構成成分のひとつ、ローヤルゼリー酸に含まれています。皮脂の過剰な分泌を抑える作用があるほか、アクネ菌を抑える、角化異常の解消などが期待されています。また、毛穴に詰まった汚れを溶かし出す作用や高い抗菌・抗炎症作用があるため、白ニキビから炎症を繰り返すニキビまで、さまざまなタイプのニキビをターゲットにした化粧品に配合されています。また、シミやソバカスにも効果があるとされます。

主な配合アイテム

化粧水　乳液　クリーム

ほかには
育毛剤、サプリメントなど。

皮脂分泌を抑えてニキビを予防

ピリドキシン HCl

医薬部外品表示名 塩酸ピリドキシン、ビタミンB6

ルーツ 酵母・米ぬかなどから抽出された成分。

過剰な皮脂分泌を抑える作用があり、ニキビだけでなく肌荒れの予防を期待して化粧品に配合されます(詳しくは102ページ参照)。

皮脂分泌抑制の有効成分

ライスパワー No.6

ルーツ 白米のエキスを乳酸菌・酵母・麹菌などで発酵・熟成した米発酵抽出物。

医薬部外品として承認された皮脂抑制作用でニキビ予防の化粧品に配合されます(詳しくは100ページ参照)。

高い抗酸化力で黒ニキビを防ぐ

アスタキサンチン

医薬部外品表示名 アスタキサンチン液

ルーツ サケ、エビなどに含まれるカロテノイドの一種。

抗酸化力が高く、特に詰まった角栓が酸化する黒ニキビへの効果が期待されます(詳しくは152ページ参照)。

ニキビの炎症を抑え、重症化を防ぐ

グリチルリチン酸2K

別称 グリチルリチン酸ジカリウムなど

ルーツ グリチルリチン酸をカリウム塩の形にして水に溶けやすくしたもの。

炎症を抑える作用があるため、炎症を伴う赤ニキビの症状を緩和する目的で化粧品に配合されています(詳しくは112ページ参照)。

もう治らない？ 怖いニキビ痕
セルフケアより医療機関を受診して

生活が不規則、ストレスがたまっている、食生活が乱れている、あるいはホルモンバランスが崩れている……。大人ニキビの原因はさまざまです。ニキビができると憂うつな気持ちになりますよね。だからといって、よく調べずに化粧品や市販薬を使って自分で治そうとしていませんか？

ニキビはよくある肌トラブルなため、自分でなんとかしようとする人が多いようです。しかし、欧米ではニキビを皮膚の病気と捉え、医療機関で治療する人がほとんどなのだとか。たとえば皮膚のザラつきがあるというマイクロコメドの段階や、ポツっと点ができている白ニキビの段階ならセルフケアでも効果が感じられるかもしれません（ただし、再発する可能性は大いにあります）。しかし、症状が進行して炎症を起こした赤ニキビの段階になったら、もうセルフケアでどうにかしようとするのは諦めましょう。なぜならきちんと治療しないまま何度も繰り返していると、炎症が激しい黄ニキビになるだけでなく、アクネ菌が薄くなった毛包の壁を壊し、炎症が真皮層にまで広がってしまうからです。その結果できるのが、クレーターと呼ばれる凸凹のニキビ痕です。

こうなると皮膚の組織が壊れてしまっているので、セルフケアで元の状態に戻すのは不可能。医療機関でレーザーなどによる施術を受けるなどして根気よく治療を続けるしかありません。

ニキビができたら欧米人に習ってすぐ医療機関で正しい診断と治療を。これを新しい習慣にしていただきたいものです。

医療機関で受けることのできるニキビ治療

塗り薬
アクネ菌が増えるのを抑える「抗菌薬」から、毛穴に詰まった角層をはがして開きやすくする「イオウ製剤」までニキビの状態に応じてさまざまな種類の塗り薬が処方される。

飲み薬
体の内部からニキビを治すため、アクネ菌の増殖を抑える「抗菌薬」のほか、補助的に「漢方薬」「ビタミン剤」が処方される。

ケミカルピーリング
AHAなどを使って毛穴に詰まった角層を溶かす保険適用外治療。エステサロンで行われるピーリングケアより高い濃度の薬剤を使うので、効果が高い。

レーザー、ダーマペン
特殊な機器を使って皮膚の深い部分を刺激することで、細胞の再生を目指す保険外治療。化膿したニキビに照射して小さな穴を開け、内部の膿や詰まった皮脂を溶かす作用があるものも。

ニキビ

127

美容成分
②

メラニン色素と血液循環をターゲット

くすみ

顔色がどんよりと悪く見える原因を解決する

　心当たりがないのに顔色が濁って見える、目の周りや口の周りが茶色っぽく汚れているように見える。健康な皮膚がもつ透明感や明るさ、ツヤなどが失われ、不健康で暗い印象に見えてしまう……これが「くすみ」と呼ばれる肌悩みです。

　くすみを引き起こす大きな要因は「血行不良」「メラニン色素の増加」の2つ。血行不良は皮膚内部で発達している毛細血管の流れが悪くなっていることで起こります。目元の黒いクマや、顔色がどす黒くなったりするのが特徴です。このほかにも紫外線やストレス、摩擦などによるメラニン色素の増加や糖化やターンオーバーの不調などが原因になることも。くすみの原因を突き止めることが重要です。

色で見分ける・くすみのタイプ

くすみのタイプは「色」で判断しましょう。

　血行不良が原因だと黒く、メラニン色素の増加が原因だと茶色くなるなど、くすみは色や症状でタイプを判断できます。ほかのタイプのくすみも見てみましょう。

古い角層が原因の
青黒ぐすみ

皮膚がゴワゴワしたり青黒かったりしてツヤがない、メイクのノリが悪いのが青黒ぐすみ。なんらかの原因でターンオーバーが乱れ、古くなった角層細胞がはがれ落ちず角層が厚くなったことで生じる。

乾燥が原因の
グレーくすみ

皮膚がグレーがかった色に見え、白く粉をふいたような状態になっている。毛穴が目立つというタイプのくすみは空気の乾燥による乾燥くすみ。季節の変わり目などに肌荒れを起こしやすい傾向も。

糖化が原因の
黄～茶ぐすみ

顔全体が黄色っぽくくすんで見えるのが黄ぐすみ。その主な原因は皮膚の糖化だといわれている。糖質摂取が多い、甘いものが好きでよく食べる、運動不足という人に起こりやすいのが特徴。

くすみのケアはタイプによってさまざま。糖化対策にも注目！

皮膚がくすんでいると顔色が悪く不健康に見えるだけでなく、疲れて見える、老けて見えるなどネガティブな印象になってしまいます。くすみを解消するために重要なのは、まずは自分のくすみがどのタイプに当てはまるのかを判断するこ

と。そして、どのタイプでも「血行不良」と「メラニン色素の沈着」のケアは欠かせません。さらに自分のくすみタイプに合わせた適切な製品を使い、スキンケアを行うことが重要です。

くすみのスキンケアポイント

くすみ対策の基本はこの2つ

血行不良を改善

血行をよくする作用のある化粧品を使うほか、湯船につかって入浴する、冷たいものを摂らないなど生活の工夫も大切。

色素沈着を改善

美白化粧品を使うほか、紫外線対策は必須。紫外線が強くなる春くらいからは日焼け止めを使う。

青黒ぐすみの角層ケアを開始

皮膚の表面を柔らかくしてほぐす化粧品やピーリングケア製品を使って余分な角層を落とすほか、AHA配合の洗顔料も有効。

黄～茶ぐすみは糖化対策が必要

糖化（下コラム参照）の解消が第一。睡眠不足を解消する、食事の栄養バランスを整えるなど内側からのケアも必要。

グレーくすみは乾燥ケアが重要

保湿を重点的に行い、皮膚に水分を蓄えて透明感を取り戻す。化粧水をたっぷり使ったあとは乳液やクリームで水分蒸発を防ぐのがポイント。

くすみ

皮膚を老化させる「糖化」とは？

食事で摂った糖質は通常エネルギーとして肝臓や筋肉に取り込まれます。しかし加齢などにより糖質が組織に取り込まれなくなり、体内のタンパク質と結びついて老化促進物質AGEsを作り出してしまうことがあります。この現象を「糖化」といいます。糖化が起きると細胞が劣化

し、皮膚のハリが低下するなどの老化を引き起こしてしまいます。糖化が起きると活性酸素が発生して酸化を進行させ、さらに糖化を進行させるという負のスパイラルが起きることもあるため、抗酸化ケアも重要です。糖質は必須な栄養素ですが、摂りすぎは禁物なのです。

炭酸の力で毛細血管が開き、血流がスムーズに

二酸化炭素

ルーツ	炭酸ガスと呼ばれる炭素の酸化物。

血行不良

炭酸ガスと呼ばれる気体の二酸化炭素を美容成分として化粧品に配合したものです。炭酸ガスは皮膚から浸透し、その影響で血管が広がることで血行が促進されると考えられています。この作用でくすみにアプローチします。化粧品に配合する場合、皮膚に浸透させる前に二酸化炭素が空気中に放散してしまうことなく、血行促進作用を発揮させるためには処方が重要です。粘度の高いジェル、スプレーやミストなどエアロゾルタイプ、シートなどに配合されます。

主な配合アイテム

化粧水　美容液　パック

ほかには
清涼飲料類の酸味料、医薬品添加剤として外用薬、静脈注射などにも。

Column

二酸化炭素化粧品の仕組み

二酸化炭素が
血管を広げて血行を促進

二酸化炭素（炭酸ガス）製品を皮膚に広げると、炭酸ガスが浸透して血管が広がります。仕組みは完全に解明されていませんが、二酸化炭素が血中に入ることで血液が酸欠状態になり、酸素を取り込もうとして血管が拡張するともいわれています。血管が広がると血流がよくなるため代謝がよくなり、くすみがとれて顔色が改善するなどの効果が期待できます。

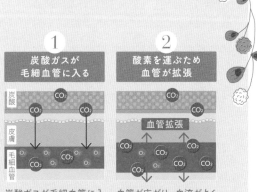

① 炭酸ガスが毛細血管に入る

炭酸　皮膚　毛細血管

② 酸素を運ぶため血管が拡張

血管拡張

炭酸ガスが毛細血管に入り、血液中の二酸化炭素が増える。

血管が広がり、血流がよくなり代謝が改善される。

130

炭酸ガス化粧品の種類

スプレータイプ

化粧水や美容液をミストが噴出するタイプやフォームタイプにしたもの。炭酸ガスが抜けにくいのが特徴。

粉末＋ジェルタイプ

パウチ入りの粉末をジェルと混ぜ合わせて炭酸ガスを発生させるタイプ。パックなどに用いられる。

化粧水タイプ

通常の化粧水と同じく液体タイプ。拭き取り化粧水としても使える。

その他の活用法

二酸化炭素入り入浴剤で美容効果を高める

生活が欧米化するに併い、風呂ではなくシャワーで済ませる人が増えてきたといいます。ある大手風呂器具メーカーが20〜60代の男女を対象にした調査によると「お風呂が面倒」と感じたことのある人は全体の約66%なのだとか。実際、若い世代ほど「お風呂につからずシャワーで済ませる」という人が多くなる傾向があるといいます。汚れを落とすだけならシャワーだけで十分ですが、お風呂には汚れを落とすだけではない健康効果がたくさんあります。その一番に挙げられるのが、「体の表面だけでなく深部体温が上がる」ということ。体の内側が温かくなることにより、次のような効果があります。

at hospital

医療機関でほくろやイボの除去に「炭酸ガスレーザー（CO2レーザー）」が使われている。赤外線領域にある波長の気体レーザーで、皮膚組織中に含まれるメラニン色素や水分にあたるとレーザー光が熱に変換され、ほくろやイボなどを蒸散させたり炭化させたりすることができる。

caution!

炭酸ガスが配合された製品を使うのではなく、飲料用の炭酸水を使った美容法があります。血行促進よりも炭酸の泡が毛穴に詰まった汚れを除去できると口コミで話題でしたが、その効果は証明されていません。むしろ乾燥肌や敏感肌、ニキビがある肌には刺激が強いため、あまり意味がない美容法といえるかもしれません。

- 血行がよくなる
- 新陳代謝が高まる
- リラックス作用のある副交感神経の働きが高まり、良質な睡眠が得られる

これらにより、くすみが解消されるなどの美容効果も高まります。入浴の美容効果を上げるなら、入浴剤を使うことがおすすめです。特に効果が高いのが、二酸化炭素が配合された入浴剤。タブレット型の製品がよく知られていますが、お湯に溶けることで炭酸ガスが発生し、皮膚から浸透して血行を促進します。入浴後もぽかぽかとした温感が続くなど効果実感が得られやすいのが特徴です。ちなみに、お湯に溶け込んだ二酸化炭素が体に作用するので、ガスの泡が消えたあとでも効果は持続しています。

くすみ

131

毛細血管を強くして抗酸化作用も

メチルヘスペリジン

ルーツ 柑橘類の果皮から得られるヘスペリジンをメチル化して得たフラボン類。

抗糖化

血行不良

オレンジやレモンなどの柑橘類に多く含まれるヘスペリジンという物質があります。ビタミンCの効果を持続させたり毛細血管を強化して血行を促進したりするほか、抗酸化作用、抗アレルギー作用もあると報告されています。この物質に水溶性を付与して化粧品に配合しやすくしたものが、メチルヘスペリジンです。皮膚への浸透性が高く、血流を促す作用があります。さらに、糖化を抑える作用があるため、くすみに効果が期待できます。

主な配合アイテム

化粧水　美容液　クリーム

ほかには
ヘアケア製品、サプリメントなど。

ビタミンPの種類

メチルヘスペリジンの前駆体であるヘスペリジンは、柑橘類に多く含まれる栄養素。フラボノイドに分類され、実部分よりも皮や袋、スジに多く含まれて果実を紫外線から守る働きがあるとされる。

ヘスペリジンが多く含まれる食べ物

● シークヮーサー
● ミカン
● ユズ
● オレンジ
● スダチ

Column

抗糖化を目指せる食べ物は？

くすみの原因となる糖化を防ぐには、糖質の摂りすぎを控えるとともに、余分な糖が体内でタンパク質と結びついて糖化反応を起こすプロセスをブロックすることにあります。以下の食材で糖化ブロックにチャレンジしてみましょう。なお、過度な糖質制限は健康を害する恐れがあるのでやめましょう。

● 茶…玄米茶、紅茶、甜茶、烏龍茶など
● 発酵食品…味噌、チーズ、酢など
● ハーブ…ローズマリー、青じそなど
● スパイス…シナモン、コショウなど
● 野菜　● 穀物・豆類　● フルーツ

血行をよくしてくすみやクマをよせつけない

グルコシルヘスペリジン

ルーツ ヘスペリジンにグルコースを付加して水溶性にした成分。

血流促進

柑橘類に含まれるフラボノイドの一種、ヘスペリジンにグルコースを酵素の作用により付加して水溶性にした成分。別名「糖転移ヘスペリジン」とも呼びます。糖転移により、水に溶けにくい性質のヘスペリジンが溶けやすくなったのが最大の特徴で、これにより化粧品に配合しやすくなりました。血管を拡張して毛細血管の血行を促進し、皮膚の新陳代謝を促す、くすみやクマを予防・改善する、さらに血管を強くして循環をよくするなどの作用から皮膚に役立つとされています。

主な配合アイテム

美容液　クリーム

ほかには
リップクリームなど。

Column

グルコシルヘスペリジンは唇ケアの救世主

グルコシルヘスペリジンの特徴は天然由来であることと、高い血行促進作用にあります。さまざまな製品に配合されていますが、さまざまなメーカーが取り入れているのが、リップクリームへの配合です。リップクリームに配合すると、グルコシルヘスペリジンのもつ血行促進作用が働き、血液循環を促して唇の血色がよくなる効果が期待されています。もちろん一時的な効果ですが、健康的な唇になると幅広い年齢層の支持を得ているようです。

「期待しすぎないこと」がプチ整形のポイント

配合成分により血行をよくすることで健康的な唇を演出するリップケア製品はたくさんあります。しかし、実際に唇の縦ジワを消したい、薄い唇をふっくらさせたいとなると、化粧品でなく美容医療の力を借りる必要があります。それが、唇へのヒアルロン酸注入です。瞬時に唇をボリュームアップさせることができるプチ整形の施術ですが、注入したヒアルロン酸は時間とともに皮膚に吸収されるため、効果は永続的ではありません。その点を納得した上で実践するようにしましょう。

くすみ

Column

マッサージでくすみケア

くすみを改善するためには血流をよくすることがとても重要です。くすみに対応した化粧品の数々にはさまざまな血流の改善に働きかける成分が配合されていますが、より効果をあげるには、物理的なアプローチも必要になります。そこで取り入れたいのが、マッサージや温熱を利用した方法です。マッサージの方法はたくさんありますが、大事なことは「皮膚が引っ張られるほどこすらない」「マッサージオイルやクリームなどを使ってすべりをよくする」の2点。これを守るだけで血行が促進されるだけでなく、リラクセーション効果も得られます。

くすみを改善するマッサージとして効果が期待できるのは、蒸しタオルを使った方法です。洗顔したあと、スキンケアをする前に蒸しタオルで顔を包んで温めます。温めるだけでも血行が促進されるため血流がよくなり、くすみが改善される効果が期待できますが、蒸しタオルを顔に乗せたまま、目の周りや頬、口の周りなどを指先で軽く押すとマッサージ効果がプラスされ、効果が上がります。さらに、日中にウォーキングをするなどを取り入れると、体の中から血液循環がよくなるので、軽い運動も心がけるとよいでしょう。

頼もしい多様性のビタミン

酢酸トコフェロール

医薬部外品表示名 酢酸DL-α-トコフェロール

ルーツ トコフェロールに酢酸のカルボキシ基を脱水縮合してできた成分。

血行促進

トコフェロール（173ページ）とはビタミンEのことで、皮膚に対して抗酸化作用、血液促進作用などの働きがあります。しかし、空気や光、紫外線によって酸化しやすいことから酸化安定を高めたビタミンE誘導体の形で使われます。それが、酢酸トコフェロールです。化粧品に配合される場合は皮膚の毛細血管を広げることで血行を促進し、くすみや肌荒れ、ニキビ、シミ、ソバカスなどを防ぎます。また抗酸化作用にもすぐれるため、エイジングケア化粧品にも配合されます。

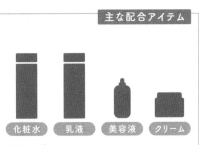

主な配合アイテム

化粧水　乳液　美容液　クリーム

ほかには
日焼け止め、メイクアップ製品、ボディケア・ヘアケア製品など。

くすみは早めに見つけて
早めにケアを

「人にいわれて初めてくすんでいることに気づいた」「外でふと鏡に映った自分を見て、顔が黒ずんでいて驚いた」というように、くすみはなかなか自覚しにくいトラブルだといえます。そこから大慌てでケアを始めたものの、なかなか効果が出ず苦労してしまうというのもよく耳にします。これは自分の皮膚への観察不足が原因にほかなりませんが、実は「自分の顔をよく見て小さな変化に気づく」ということは簡単なようで難しいのです。特に、毎日忙しい日々を過ごしていて、スキンケアもメイクも十分な時間を取れないという人ほど、その傾向が高いといえるでしょう。

そこで、ここではくすみに限らずすべての肌悩みを早めに見つけ、早めにケアをするために欠かせない、「肌変化の早期発見テクニック」をご紹介しましょう。いずれも簡単なことばかりですので、すぐにでも実践していただきたいと思います。

可能なら1週間に1回はじっくりと自分の肌と向き合う時間を作っていただければ理想的です。たとえば、休日の夜はマッサージやパックなどのスペシャルケアをする時間をつくるというのでもいいし、休みの日に出かけるときはいつもより念入りにメイクをするのもいいでしょう。鏡の中の自分をよく観察し、向き合うことで問題点を見つけて早めの対処をし、美しい肌を保ってほしいと思います。

くすみやシミ、シワ……
肌のトラブルを早期発見するテクニック

スキンケアをするときは鏡に向かう

スキンケアをするとき、何かをしながらぱぱっと化粧品をつけていないでしょうか。特に忙しい朝は時短も兼ねた「ながらスキンケア」を行いがちですが、これが肌トラブルを見落とす第一歩。スキンケアは鏡を見て肌の状態を確かめながら行うようにしましょう。

明るい部屋でメイクする

薄暗い洗面所や日が当たらない部屋、天井からの照明しかない部屋などでメイクをするのはまったくおすすめできません。皮膚のトラブルを見過ごしてしまうだけでなく、メイクが必要以上に濃くなる原因にもなります。自然光が入る明るい部屋でメイクしましょう。

外の鏡で自分を見る

外出したとき、自宅よりも照明が強い店舗などにある鏡は積極的に見るようにしましょう。普段は見えなかった肌色の問題や起こりつつあるトラブルなど、小さな変化も見つけやすくなります。蛍光灯ではない照明があるところが理想的です。

自宅の鏡を再検討

拡大鏡がついている鏡や、女優ライトと呼ばれる外周に小さなライトがついている鏡があると、普通の鏡では見えなかったくすみなどの問題が見つかりやすくなります。日常的に自分の顔をじっくり観察することがトラブルを未然に防ぐコツです。

くすみ

135

美肌づくりの大原則は紫外線カット

紫外線防止

皮膚の最大の敵は紫外線

紫外線はシミやシワの原因となったり皮膚ガンを引き起こしたりします。その一方で日光を浴びることは心身の健康を維持するために欠かせません。上手に太陽と付き合うためにも、まずは紫外線の特徴を知ることが大切です。

そもそも紫外線(UV)とは太陽から届く光のうち波長が短く目に見えない光のこと。紫外線は波長の長さによって3種類に分けられ、波長の短い順に「UV-C」「UV-B」「UV-A」に分類されます。UV-Cはオゾン層に吸収されて地表には届きませんが、UV-BとUV-Aは地表まで届いて人体に悪影響を及ぼします。紫外線の種類と影響を知って日焼け止めを選び、効果的に使うようにしましょう。

紫外線の種類と影響

**紫外線は3種類
皮膚への影響も違います**

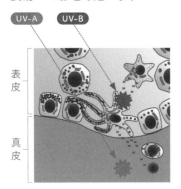

紫外線は波長の短い順に次のような特徴があります。

UV-C

オゾン層などに吸収され、地表に届かない。殺菌灯で使われているのが人工のUV-C

UV-B

一部は地表に到達し、サンバーン（赤くなったあと2〜3日後にメラニン色素が合成されて黒くなる日焼け）を起こす。目の表面に作用して炎症を起こして最悪の場合失明することも。シミやソバカスの原因となる。

UV-A

サンタン（赤くならず1日くらいで黒くなる日焼け）を起こす。浴び続けると波長が長いため皮膚の奥まで到達し、真皮層のコラーゲンなどを破壊してシワやたるみなどの原因となる。目の奥にある水晶体や網膜を傷つけ、白内障の原因になることも。

日焼け止めには「吸収剤」と「散乱剤」がある

紫外線から皮膚を守るには極力日光に当たらないようにする、日傘や帽子を使うなど日常生活の工夫も欠かせませんが、完全に防げるとは限りません。簡単かつ万全を期すなら、紫外線防止剤、つまり日焼け止めを使うことが確実でしょう。

日焼け止めを選ぶ際のチェックポイントは、まず「どのくらい紫外線を防ぐか」という点が挙げられます。これはUV-Bなら「SPF値」、UV-Aなら「PA値」で判断することができます。そして、もうひとつのチェックポイントが、日焼け止めのタイプ。ひとくちに日焼け止めといっても、紫外線の防御機能により「紫外線吸収剤」と「紫外線散乱剤」の2つに分類できます。それぞれ特徴があるので、目的に合わせて選びましょう。いずれも汗で流れたりハンカチなどで拭いたりして落ちてしまうことがあるので、付け直すことで効果が持続します。

紫外線吸収剤と紫外線散乱剤の違い

紫外線吸収剤は皮膚に当たった紫外線を化学的な仕組みでエネルギーとして吸収し、熱などのエネルギーに変えて放出することで皮膚の細胞への影響を防ぎます。対して紫外線散乱剤は、物理的な仕組みで紫外線を散乱・反射させて皮膚内部への侵入を防ぎます。紫外線吸収剤は皮膚に塗っても白くなりにくい反面、皮膚に刺激になる可能性はゼロではありません。紫外線散乱剤は皮膚が反応を起こすことはないものの、白くなる、落ちやすいというデメリットがありましたが、現在は微粒子で透明化に成功しています。それぞれの特徴を理解して使い分けましょう。

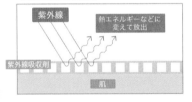

紫外線吸収剤

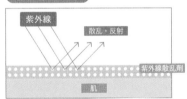

紫外線散乱剤

紫外線防御力を示す「SPF」と「PA」に注目

日焼け止め製品には紫外線の防御力が具体的な数値で表記されています。どのようなシーンで使うかなど、目的に応じた製品を選びましょう。

SPF値…UV-Bを防ぐ指数。何も塗らないときに比べて何倍紫外線を防ぐことができるかの目安。「SPF30」などと表記され、数字が大きいほど効果が高い。最大は「SPF50+」。

PA値…UV-Aを防ぐ指数。「PA++」などと表記され、「+」が多いほど効果が高い。最大は「PA++++」。

オキシベンゾン類

化粧品表示名 オキシベンゾン-1,3,4 など

ルーツ ベンゾフェノン類に属する合成化合物。

　ベンゾフェノンの一種であり、さまざまな種類が数字によって分類されています。化粧品には合成されたものが使用されていますが、いずれも安全なものが選ばれた上で安定性が確保され、処方されています。いずれも紫外線を吸収して皮膚を保護する作用があります。オキシベンゾン類の中には家庭用品やサングラス、食品包装、おもちゃ、家具などの製品が紫外線により劣化するのを防ぐために使用されるものもあり、紫外線防御剤として幅広く活用されています。

主な配合アイテム

日焼け止め

ほかには
ヘアケア製品、ネイル商品、サプリメントなど。

オキシベンゾンの種類

オキシベンゾン-1
UV-B、UV-Aの両方に吸収能力をもつ、日本ではメジャーな成分。

オキシベンゾン-2
UV-B、UV-Aの両方に吸収能力をもち、紫外線による退色・変色・変質などとともに油脂類の酸化による劣化も防ぐ。長期間にわたって化粧品の安定性を保持する。

オキシベンゾン-3
UV-B、UV-Aの両方を吸収し、紫外線防御作用を発揮するため日焼け止め製品、化粧下地、メイクアップ製品に用いられる。またUV-B、UV-Aの両方に吸収能力をもつことから、紫外線による退色・変色・香料の変臭、油脂類の酸化など変質を防ぎ、化粧品の安定性を保つ。

オキシベンゾン-4
オキシベンゾン-3と同様に紫外線防御効果と退色防止効果をもつ。

オキシベンゾン-5
UV-B、UV-Aの両方に吸収能力をもつ。水溶性があり、紫外線による退色・変色・変質などとともに油脂類の酸化による劣化も防ぐ。

オキシベンゾン-6
UV-BとUV-Aの両方に対して吸収能力をもつ。紫外線による製品の退色・変色・変質などの劣化を防ぐ。現在ではほとんど使用されない。

オキシベンゾン-9
UV-Aに対して吸収能力をもつ。紫外線による製品の退色・変色・変質などの劣化を防ぐ。スキンケア化粧品やヘアケア剤に用いられる。

メトキシケイヒ酸エチルヘキシル

医薬部外品表示名	パラメトキシケイ皮酸2-エチルヘキシル

紫外線吸収剤

ルーツ	メトキシケイヒ酸と2-エチルヘキシルアルコールのエステル。

「オクチノキサート」という別称でも知られています。紫外線の中でもサンバーンを起こすUV-Bに対する吸収能力の高い成分で、適度な光安定性があり、溶解性にもすぐれていることから日焼け止めやメイクアップ製品や化粧下地などに幅広く使われています。また、紫外線によって変色や変質、変臭など劣化しやすい成分が配合されている化粧品を紫外線から守るために配合されることもあります。やや刺激のある成分のため、敏感肌への使用は注意しましょう。

主な配合アイテム

下地 / 日焼け止め / メイクアップ化粧品

ほかには
ネイル製品、フレグランス製品など。

Column

紫外線吸収剤は環境にダメージ？

2021年1月、ハワイ州はオキシベンゾンとオクチノキサート（メトキシケイヒ酸エチルヘキシル）が配合された紫外線吸収剤の販売と流通を禁止しました。この2つの成分がサンゴ礁の白化を招く危険性があると一部の研究者から指摘されたことが理由です。これら日焼け止めをつけた状態で海に入ると、流れ落ちた成分がサンゴ礁などに流着し、それがサンゴの成長に悪影響を及ぼす、というのがその主張でした。こうした指摘を受けた結果、ハワイ州はこの2つの成分が配合された日焼け止めの販売と流通を禁止する条例を発令した、というわけです。同様

の措置をする国はハワイ州だけではありません。この傾向は今後も欧米を中心に広まっていく可能性があるので、特に海外でのマリンレジャーでは日焼け止め選びに注意しましょう。

これらの成分だけでなく、近年では日焼け止め製品は環境に配慮した商品開発をするのは、もはや常識となっています。このように、これからの化粧品業界は環境に配慮するSDGsへの取り組みが常識になりつつあります。使用者もその意識をもって化粧品を選ぶよう、心がけたいものです。

紫外線防止

t-ブチルメトキシジベンゾイルメタン

医薬部外品表示名	4-tert-ブチル-4'-メトキシベンゾイルメタン

ルーツ	ジベンゾイルメタン誘導体の一種。

紫外線吸収剤

t-ブチルメトキシジベンゾイルメタンは白または薄黄色の合成化合物で、数十年前から日焼け止め製品に配合されている成分です。特にUV-Aの吸収にすぐれているのが特徴で、さまざまな化粧品に配合されています。また、紫外線を浴びることによって色素が退色・変色、香料の匂いが変わる、高分子化合物の分解、油脂類の酸化などの品質の劣化を防ぐ働きがあります。これにより長期間にわたって化粧品の安定性を保つ目的で製品に配合されます。

主な配合アイテム

下地　日焼け止め

ほかには ——————
メイクアップ製品、ネイル製品など。

Column

紫外線は100%敵、ではありません

美容と健康の大敵で徹底して避けるべきとされがちな紫外線ですが、実は健康を維持するために欠かすことのできない存在でもあります。そのメリットを解説しましょう。

紫外線のメリット

●殺菌作用

紫外線には細菌のDNAを破壊し、増殖を抑える作用があります。洗濯物や布団、靴などを外に干して日に当てるのは乾燥させるだけでなく、殺菌・脱臭の効果も得られます。

●ビタミンDの合成

紫外線を浴びると、健康維持に必要不可欠なカルシウムのバランスを整えるビタミンDを合成することができます。不足しがちな栄養素なので、紫外線による合成を活用するのが理想的です。

●メンタルヘルス

紫外線を浴びると幸せホルモンと呼ばれる神経伝達物質「セロトニン」が分泌されます。セロトニンは不足すると抑うつ状態になるといわれ、日光を浴びることは心の健康にも有効です。

このほか、朝日を浴びると体内時計がリセットされて睡眠のリズムが整う、自律神経の乱れが改善されます。肌が炎症を起こすことなく、紫外線や日光のダメージを受けないように上手に浴びることはとても大切です。

オクトクリレン

| ルーツ | 化学合成された2-シアノ3,3-ジフェニル-2-プロペン酸2-エチルヘキシルエステル。 |

紫外線吸収剤

オクトクリレンは主にUV-Bの吸収性にすぐれている成分です。また、他の成分と相乗的に効果を発揮するという特性があり、UV-Aに対しても有効であるとされています。また、オクトクリレンはエタノールや油性成分の溶解性にすぐれることから紫外線による色素の退色・変色、香料の変臭、高分子化合物の分解、油脂類の酸化などを防ぎ、製造から使い切るまでの長期にわたって化粧品の安定性を保つ目的で日焼け止めを始めとするさまざまな化粧品に配合されます。

主な配合アイテム

下地　日焼け止め

ほかには

Column

反射紫外線にご用心

日焼け止めを使わなくても帽子や日傘で紫外線を防げる、と考えていませんか？ しかし帽子や日傘で防ぐことができるのは上からの紫外線だけ。地表から反射する紫外線には無防備です。太陽からの紫外線に対する地表の紫外線反射率は次のとおりです。

- 新雪…80%
- 砂浜…10~20%
- コンクリート・アスファルト…10%
- 水面…10〜20%
- 草地・芝生、土面…10%以下

外出先に応じて日焼け止めをつけましょう。

生活シーンごとの紫外線防御指数の目安

- 日常生活（散歩、買い物など）
  ～SPF20、～PA++
- 屋外の軽いスポーツやレジャーなどの活動
  ～SPF35、～PA+++
- 炎天下でのレジャー、リゾート地でのマリンスポーツなど
  ～SPF50、～PA++++
- 非常に紫外線の強い場所や紫外線に過敏な人など
  ～SPF50+、～PA++++

日焼け止めの紫外線効果はUV-Bに対しては「SPF値」、UV-Aに対しては「PA値」で表示される。

紫外線防止

UV-Aのスーパーストッパー

ジエチルアミノヒドロキシベンゾイル安息香酸ヘキシル

医薬部外品表示名 2-[4-(ジエチルアミノ)-2-ヒドロキシベンゾイル]安息香酸ヘキシルエステル

紫外線吸収剤

ルーツ 安息香酸誘導体の一種。

UV-Aに対する防御作用が高く、さらにエタノールや油性成分に対してよく溶ける性質があるため、紫外線吸収目的で日焼け止め製品、化粧下地、ファンデーションなどメイクアップ製品などに用いられています。また、紫外線が当たることによる色素の退色や変色、香料の変臭、高分子化合物の分解、油脂類の酸化などを防いで化粧品の安定性を保つ目的でさまざまな製品に配合されます。光アレルギーを起こす可能性は極めて低い、安全性が高いとされる成分です。

主な配合アイテム

下地　日焼け止め　メイクアップ化粧品

ほかには

Column

進化し続ける日焼け止め

かつて日焼け止めは「ケミカル（紫外線吸収剤）は皮膚にダメージがあり、ノンケミカル（紫外線散乱剤）は皮膚にも環境にも優しいけれど白浮きするし落ちやすい」といわれていました。しかし、紫外線による皮膚ダメージを避けるなら何かを犠牲にしなければならなかった時代はもう過去のこと。いまでは紫外線吸収剤と散乱剤を組み合わせたハイブリッドタイプも多くなりました。その結果、安全性だけでなく環境への配慮も万全となりました。これはいまの時代、当たり前のことといえるでしょう。それだけでなく、紫外線防御効果と同

時にスキンケア効果、トーンアップ効果、さらに心地よい使い心地を実現した製品も増えています。

いまでは日焼け止めと美白ケアの両方の効果をもつ製品や、化粧下地やファンデーションの機能をもつ日焼け止めもたくさん。新しい機能を持つ製品が次々現れているので、毎年登場する新製品をチェックして、最新のものを試してみるのもおすすめです。

紫外線対策は
美肌づくりの基本

美容の歴史をひもとけば、かつて日本では3度、日焼けブームが訪れていました。最初は南米音楽が流行した1950年代、小麦色の肌が美のトレンドだった1960〜80年代、そして2000年前後に10代の女の子たちが巻き起こしたガングロブームです。現在の母親世代は第二次日焼けブームの頃に青春時代を過ごした人も多く、若い頃に紫外線を浴びたダメージが年齢を重ねてから現れてくることを痛感しているという例も少なくありません。

140ページでお伝えしたように、紫外線は人間にとって100%の悪者ではありません。心身の健康を保つためになくてはならないパートナーともいえます。そして、通常の生活では紫外線を浴びずに日常生活を送ることはほぼ不可能です。だとしたら、皮膚などに及ぼす害を極力防ぎながら紫外線と上手に付き合っていくことが大切ではないでしょうか。紫外線を防御する方法は、日傘を使う、帽子をかぶる、サングラスをかけるなどさまざまな

方法があります。室内にいても日中はカーテンを閉める、窓に近寄らない……などと徹底している人もいるかもしれませんが、やりすぎると紫外線の恩恵を受け取れなくなってしまうので、ほどほどがよいのではないでしょうか。紫外線の害を効率よく防ぐには、日焼け止めを使うのがベストの選択だといえます。

とはいえ、「日焼け止めをつけていたのに日焼けしてしまった」という声を聞くことがあります。こうしたことがあると「この日焼け止めは効果がない」と思ってしまいがちですが、話をよく聞いてみると、正しい塗り方をしていないか塗り直しをしていないかのどちらかである場合がとても多いのです。日焼け止めは決められた用量を使って正しく塗ること、そして2〜3時間置きに塗り直すことが紫外線防御効果を発揮させるために欠かせません。日焼け止めの製品を選ぶのも大切ですが、自分が正しく製品を使い、きちんと紫外線を防いでいるか、まずは確認してみましょう。

日焼け止めの正しい使用方法

顔に使用する場合
クリームタイプならパール粒1個分、液状タイプは1円硬貨1枚分を手のひらにとり、額・鼻の上・両頬・あごの5点に置いてていねいに塗り伸ばす。少し置いてから再び同じ量を重ねづけする。

腕など広範囲に使用する場合
容器から直接、直線を描くようにつけてから手のひらで螺旋を描くように均一にムラなく伸ばす。

NG!
日焼け止めを手のひらに出し、両手をすり合わせて広げたものをぽんぽんと置くように伸ばす方法はムラになりやすい。

マイルドなつけ心地で反射力は抜群

酸化チタン

医薬部外品表示名　微粒子酸化チタン

紫外線散乱剤

ルーツ イルメナイト（チタン鉄鉱）またはチタンスラグから製造された粉末。

微細な白色の粉末の酸化チタンは紫外線散乱剤の代表的な成分です。光の屈折率が非常に高く、白色を活かしてファンデーションなどメイクアップ化粧品にも配合されます。皮膚に与える影響が少ないため、刺激が少なくアレルギーなどのトラブルを起こさないのも特徴です。以前は白浮きしやすいというデメリットがありましたが、近年の技術開発により粒子をナノレベルまで微細化したり、薄片化したりすることができるようになり、密着力や紫外線防御効果が高まりました。

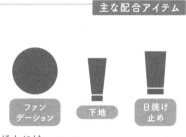

主な配合アイテム

ファンデーション　**下地**　**日焼け止め**

ほかには
食品の白色着色料として使われるほか、経口剤にコーティングするための医薬品添加剤としても。

caution!

美容の大敵「酸化」という言葉と金属名「チタン」という言葉が入っているためか、「酸化チタンは肌によくない」という説を見かけます。しかし、化学的には安定しており、安全性も高い成分なのです。酸化チタンは表面をコーティング処理してたり、皮膚表面で安定した皮膜を作るように処理されているので、皮膚内部に浸透することはなく、人体への影響はありません。厚生労働省により「発がん性がある」との報告があったことで不安に感じた人も多いようです。しかしこれは粉体を吸引してしまった場合にアスベストのような被害が出る可能性があるということ。化粧品には当てはまりません。成分名のイメージに惑わされないようにしましょう。

Column

日焼け止めのタイプはシーンによって選ぶ

SPF値、PA値以外だけではなく種類や質感で選ぶこともできます。

● 2層式タイプ
のびがよくみずみずしい感触

● ミルクタイプ
皮膚へなじみやすい

● クリームタイプ
保湿力もあり乾燥が気になるときに

● スティックタイプ
密着度が高く、落ちにくい

● ミスト・スプレータイプ
ボディなど広範囲の塗布に向く

● パウダータイプ
メイクの上からでも使いやすい

酸化亜鉛

医薬部外品表示名 低温焼成酸化亜鉛

ルーツ 可燃性亜鉛溶液から合成された粉末。

紫外線反射剤

酸化亜鉛は「亜鉛華」とも呼ばれる亜鉛溶液または亜鉛鉱物から得られる白色の微細な粉末です。UV-AからUV-Bまで幅広い波長の紫外線を吸収・反射する作用があり、日焼け止めなどに配合されています。酸化チタン（144ページ）よりも透明性が高いのが特徴で、塗ったときに皮膚が白くなりにくいため、メイクアップ化粧品にも配合されます。また、収れんと消炎の効果があるため、赤くなったニキビのケアを目的とした化粧品にも配合されることもあります。

主な配合アイテム

ファンデーション　　下地　　日焼け止め

ほかには
皮膚潰瘍治療薬、外用薬、皮下注射の医薬品添加剤としても。

豆知識

酸化亜鉛に赤色の顔料である酸化鉄を微量配合したものはカラミンと呼ばれ、日焼け後に使用するカラミンローションに配合され、人気を呼んでいました。酸化亜鉛のもつ消炎効果の働きで日焼けによる皮膚の炎症を抑える働きが期待された製品でしたが、消炎成分も増えたからでしょうか、最近は少なくなりました。

Column

「ノンケミカルの日焼け止め」とは？

「ノンケミカルの日焼け止め」とは紫外線散乱剤のこと。配合成分の粉末によって物理的に紫外線を散乱させるという仕組みのため、そう呼ばれています。対して化学的な仕組みで紫外線を吸収する紫外線吸収剤は「ケミカルな」と表現されます。小さな子供は皮膚への負担が少ない紫外線散乱剤がおすすめです。いまは子供でも使えるケミカルな製品、ハイブリッドの製品も多くなりました。

紫外線防止

加齢による肌悩みもケア次第

エイジング

加齢悩みも日頃のケア

エイジングとは年齢を重ねることによってさまざまな機能や形状が変化することを指します。正確には子供の成長も含まれますが、一般的には加齢により機能が衰える変化を意味し、エイジングケアとは加齢による変化に合わせたケアを指します。これに対してよく耳にするアンチエイジングとは老化を阻止するために働き

かけるという意味になります。

エイジングによる皮膚の機能の変化は表皮で起きる新陳代謝の衰えと真皮で起きるコラーゲン代謝の衰え、さらにその奥で起きる血液やリンパ液の循環の衰えの3つです。そして形状の変化の代表はシミ・シワ・たるみ・くすみの4つ。形状の変化は機能の変化によって起こります。

紫外線の種類と影響

皮膚の内部で起こり表面に現れるエイジング

エイジングの悩みは皮膚の構造を支えるコラーゲンやエラスチンなどの線維が加齢とともに減ったり硬くなったりすると同時に、これらをつくる線維芽細胞も減っていくことで起こり

ます。いままで皮膚の弾力を保っていたコラーゲン、エラスチンという2つの細胞が減ってしまうことで、シワやたるみといったエイジング悩みとなります。

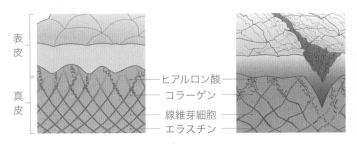

| 表皮 |
| 真皮 |

ヒアルロン酸
コラーゲン
線維芽細胞
エラスチン

左:健康な皮膚。右:加齢によりコラーゲンやエラスチンが減った皮膚。表皮がへこんだりゆるんだりしてシワやたるみとなる

エイジングケアは個別対応プラスαが不可欠

シミ・シワ・たるみ・くすみというエイジング悩みのうち、シミ・シワ・くすみは乾燥や紫外線、睡眠不足、栄養不良といった要因でも起こります。そのため、エイジング悩みのうちこの3つが当てはまる場合は自分の悩みに合わせて保湿ケア（66ページ）や美白ケア（78ページ）、くすみケア（128ページ）を念入りに行うことが重要です。

しかし、悩みの根本原因に「加齢」がある場合、これらの肌悩みに「たるみ」が加わります。皮膚が落ちてくることによって生じるたるみジワはその代表といえます。もちろん個人差はありますが、ある程度年齢を重ねたら、いままでのスキンケアに加えてエイジングケアが必要になってくるのはそのためです。効果的なエイジングケアは、保湿・美白・肌荒れ改善・収れんという基本のスキンケアなどに加えて「生理活性効果」をもつ成分を活用することが重要です。生理活性成分には皮膚機能全体の活性化や表皮細胞や線維芽細胞などの皮膚細胞活性化、血液やリンパ液の循環促進などさまざまな働きが期待できるものがあるので、肌悩みに合わせて選ぶとよいでしょう。

皮膚機能低下を引き起こす要因

加齢により皮膚のさまざまな機能が低下することは自然の仕組みで食い止めることはできません。しかし、機能低下を起こす加齢以外の要因は対処することができます。機能低下を招く、注意すべき要因について解説します。

酸化ストレス

紫外線や大気汚染、喫煙、過度なストレスなどが引き金となり体内で活性酸素が発生します。活性酸素は重要な生体成分を傷つけ、新陳代謝のサイクルを乱してシワやたるみなどの原因となります。
→抗酸化成分配合の化粧品を取り入れましょう。

紫外線によるダメージ

紫外線、特にUV-A波は酸化ストレスになるだけでなく、皮膚内部に入り込んでコラーゲンやエラスチンなどを変性、ひどい場合は破壊してシワをつくったり、メラニン色素を増やしたりしてシミやくすみの原因となります。
→紫外線UV-A波を防ぐ日焼け止めを使いましょう。

糖化による細胞ダメージ

過剰に摂取した糖質がタンパク質や脂質と結びつくと血液中に老化促進物質であるAGEs（糖化最終生成物）ができます。AGEsがたまると皮膚のコラーゲンなどの代謝に悪影響を与え、シワやたるみの原因となります。
→生活習慣を見直すとともに糖化対応の化粧品を使いましょう。

エイジングケアは総合力で選ぶ

不老長寿の妙薬が存在しないように、「これをつければエイジング悩みがすべて解消される」という成分も、残念ながら存在しません。エイジングケアは、総合力なのです。まずは自分の顔を見て、どこを改善したいのか、じっくり観察しましょう。そしてその悩みに対応した成分を選び、さらに生理活性成分が配合された製品をプラスすることをおすすめします。その上で取り入れてほしいのが、生活習慣の改善です。148ページで挙げる項目を意識して、若々しい見た目を目指しましょう。

アセチルパントテニルエチル

医薬部外品表示名	アセチルパントテニルエチルエーテル

ルーツ	パンテノールの誘導体。

生理活性

ビタミンB群のプロビタミンB5とも呼ばれるパンテノールの誘導体。医療機関では皮膚や毛髪の疾患に用いられる成分で脂質、糖質を分解してエネルギーに変換するのを助ける働きがあります。皮膚においてはコラーゲンの生成に必要なビタミンCの働きを助ける役割を果たして皮膚の健康を保ち、肌荒れを防ぎます。化粧品に配合されると、保湿効果があるほか、皮膚組織を活性し、真皮内で細胞の代謝をよくする働きがあります。毛母細胞に活力を与えるため育毛が期待されます。

主な配合アイテム

乳液　クリーム

ほかには
ヘアケア製品、育毛剤、皮膚用外用薬、目薬など。

その他の役割

育毛効果を期待して毛髪用化粧品に配合される成分です。頭皮だけでなく毛包など毛髪を作る組織に浸透しやすく、皮膚や毛髪の内部に入るとパントテン酸に変換されます。海外では高い保湿力と治癒力の高さから、タトゥー後の保湿クリームへの配合が推奨されているのだとか。

パントテン酸とパンテノール

パントテン酸はビタミンB群水溶性ビタミンの一種です。酸性、アルカリ性、熱に弱く不安定な性質をもちます。そのままだと化粧品に配合しにくいので、パントテン酸のアルコール誘導体であるパンテノールにして化粧品に使われます。パンテノールはパントテン酸より安定性にすぐれ、さらに保湿作用もあるので多くの製品に使用されています。

Column

生活習慣を改善しエイジングを防ぐ

エイジングは日常生活の習慣によって進むことも。生活習慣を改善して若々しい見た目を目指しましょう。

● 生活習慣の改善
睡眠時間の理想は7時間。夜更かしはやめる。ストレスは減らし、タバコはやめる。

● 食習慣の改善
栄養バランスを整え、規則正しく適量を食べる。無理なダイエットは禁物。

● 運動習慣をプラス
疲れやすくなったからと運動しないのは老化を招く原因に。運動を習慣にする。

● 脳の活性化を目指す
新しいことや、ドキドキすることを見つけると脳が活性化し、自律神経系を健康に保ち、老化の予防に貢献します。

アデノシン三リン酸

医薬部外品表示名 アデノシン三リン酸ニナトリウム

ルーツ 高エネルギーリン酸結合をもつ分子。

生理活性

アデノシン三リン酸は生体内でATPと呼ばれ、すべての動物・植物・微生物の細胞内に存在するエネルギー源です。化粧品の成分としてはATPのような働きをする高エネルギーをもつ分子で、水に溶けやすい性質をもちます。加齢による細胞内呼吸の減少を抑えることが期待できるため、細胞を若返らせる作用があるとされます。また、皮膚細胞を活性化させたりエネルギー伝達をしたりという働きもあります。ただし、不安定な物質なので安定配合は非常に難しい成分です。

主な配合アイテム

洗顔料 化粧水 美容液 クリーム

ほかには

その他の役割

アデノシン三リン酸とよく似た名前の成分に、アデノシンリン酸2Na（85ページ）があります。この成分はエナジーシグナルAMPとも呼ばれており、美白の有効成分として承認を受けています。2つの成分の違いはリン酸の数。アデノシン三リン酸が3つに対し、アデノシンリン酸2Naは1つです。そして、美容成分としての働きは細胞活性と美白という違いがあります。単独で使っても組み合わせて使ってもよい成分です。自分の肌で試してみて、心地よいと感じた製品を使ってみましょう。「好き」と感じること、満足感を得ることもエイジングケアには必要な要素です。

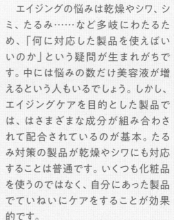

Column

エイジングケア美容液、実は万能選手ぞろい

エイジングの悩みは乾燥やシワ、シミ、たるみ……など多岐にわたるため、「何に対応した製品を使えばいいのか」という疑問が生まれがちです。中には悩みの数だけ美容液が増えるという人もいるでしょう。しかし、エイジングケアを目的とした製品では、はさまざまな成分が組み合わされて配合されているのが基本。たるみ対策の製品が乾燥やシワにも対応することは普通です。いくつも化粧品を使うのではなく、自分にあった製品でていねいにケアをすることが効果的です。

エイジング

フラーレン

ルーツ 60個の炭素原子のみで構成される炭素の同素体。

抗酸化

60個の炭素がサッカーボール状に並んだ成分で、宇宙空間にも炭素鉱物内にも存在します。エイジングの原因となる活性酸素をスーパーオキシド消去と呼ばれる作用で吸着して無害化する働きがあり、フラーレンがもつ抗酸化力はビタミンCよりはるかに高いともいわれます。さらに、サッカーボール状という特殊な構造から、抗酸化力が低下しにくいのも特徴です。シワの予防や改善を始め、エイジングケアに効果があるとしてさまざまな化粧品に配合されます。

主な配合アイテム

洗顔料	化粧水	美容液	クリーム

ほかにはヘアケア製品など。

豆知識

フラーレンが発見されたのは比較的新しく、1985年のこと。天然のフラーレンは希少だったため実在するという証明に何人もの化学者が取り組んできたものの成功には至りませんでした。そうした中で、ついに宇宙空間の物質を研究する欧米のグループがフラーレンを発見したのです。この功績が認められ、発見した3人の化学者は1996年にノーベル賞を受賞しています。広告などでしばしば「ノーベル賞級の美容成分」という表現で呼ばれるのは、そのためです。

Column

ドクターが愛する成分 それがフラーレン

フラーレンはドクターズコスメと呼ばれる美容医療専門医が監修した化粧品に採用されることの多い成分です。傾向として医師は化学技術を信頼しているため、サッカーボール構造をもつフラーレンの革新性に魅力を感じているのかもしれません。抗酸化作用が強いことも、エイジング悩みに対する信頼感につながっているのではないでしょうか。効果が高い成分であるにもかかわらず認知度が低いのは、ドクターズコスメに多く、一般的な化粧品メーカーの製品に少ないことが理由として挙げられるかもしれません。

パルミチン酸レチノール

ルーツ パルミチン酸を脱水縮合したビタミンA誘導体。

生理活性

レチノール（ビタミンA）はさまざまなすぐれた機能をもちますが、光や空気、酸などに弱い成分です。それをパルミチン酸でエステル化したビタミンA誘導体がパルミチン酸レチノールで、安定性の高さから「安定型ビタミンA誘導体」とも呼ばれます。ターンオーバーを促進する、肌荒れを改善する、シワを改善するなどさまざまな作用があるとされるだけでなく、紫外線が皮膚に吸収されるのを抑える作用もあり、さまざまなエイジングケア化粧品に用いられています。

主な配合アイテム

洗顔料　化粧水　美容液　クリーム

ほかには
食品のビタミンA強化剤として、ビタミンA欠乏の予防および治療薬、サプリメントとしても。

Column

エイジングケアに役立つビタミン類

エイジングケア化粧品に用いられるビタミン類を紹介します。

●ビタミンE（トコフェロールなど）
強い活性酸素作用があるため「若返りのビタミン」と呼ばれます。免疫力を高める、炎症を抑える、血行をよくする、ホルモンバランスや自律神経を整えるなどさまざまな働きをします。

●ビタミンC
美白や、細胞の保護、コラーゲンの生成、活性酸素のダメージを修復するなどの作用が期待されエイジングケア化粧品に配合されています。また、ビタミンEの抗酸化作用を再生する働きもあります。

●ビタミンA
ターンオーバーを促進し、コラーゲン・ヒアルロン酸・エラスチンといった皮膚を構成する成分の産生を促します。紫外線により傷ついた皮膚を修復する役割もあります。

●ビタミンB（ナイアシンアミドなど）
ビタミンBはビタミンB群と呼ばれ、8種類あります。細胞の再生を助け、皮膚や髪、爪の粘膜生成を促します。新陳代謝を促し、新しく皮膚ができるのを助ける、過剰な皮脂を抑えるなどの働きをします。

エイジング

活性酸素の発生を防ぐ赤い成分

アスタキサンチン

医薬部外品表示名 | アスタキサンチン液

ルーツ | オキアミなど動物由来と藻類など植物由来があるカロテノイド色素。

抗酸化

アスタキサンチンとはオキアミ、紅藻類などに含まれるカロテノイド（赤い色素）の一種です。脂質を酸化させ、コラーゲンを分解することでシワやたるみの原因となる一重項酸素（下のコラム参照）を除去する作用があります。その抗酸化力はビタミンEより高いとされ、高いエイジングケア効果が期待され、さまざまな化粧品に配合されています。また、表皮の炎症を予防し、メラニン色素の生成を抑制する効果も報告されているため、美白や肌荒れ予防の効果も期待されています。

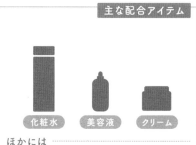

主な配合アイテム

化粧水　美容液　クリーム

ほかには
食品の着色料として用いられる。

アスタキサンチンの種類

海洋生物由来

オキアミ、カニ、エビなどの甲殻類やサケ、イクラなど赤橙色の水産物から得られるカロテノイド。

紅藻類由来

ヘマトコッカス科緑藻ヘマトコッカス藻の抽出液から得られる成分。これを用いた製品では「ヘマトコッカスプルビアリスエキス」と表示される。

豆知識

一重項酸素とは？

活性酸素のひとつで、紫外線の影響などで発生する。ほかの活性酸素よりも不安定で反応しやすいのが特徴で、SODという生体の酵素により消去されるが、一重項酸素を消去する酵素は体内に存在しない。そのため酸化力が強く、シワやたるみの原因となる。

Column

サケの身が赤い理由

オレンジがかった赤い身のサケは、マスと同じく白身の魚に分類されます。赤い色になったのは、筋肉中にアスタキサンチンをため込んでいるため。サケは産卵のために川を遡上しますが、そのときに体内で活性酸素が発生し、筋肉にダメージがかかります。この活性酸素を除去するため、サケは筋肉中に多くのアスタキサンチンを抱えていると考えられています。メスのサケは川の浅瀬に産卵すると、紫外線の影響から卵を守るため自らのアスタキサンチンを移行させます。これがイクラがオレンジ色をしている理由です。

別名GABAでも有名!皮膚を活性化

アミノ酪酸

医薬部外品表示名	γ-アミノ酪酸

生理活性

ルーツ 植物の根や哺乳類の脳髄などに広く存在。

アミノ酪酸は人体にもともと存在するアミノ酸の一種です。皮膚の血液循環を促す、皮膚細胞を活性させるといった働きが期待され、エイジングケア目的の化粧品に配合されます。また、皮膚内のエネルギー代謝経路を活性化させて細胞の正常な角化過程を助けることで肌荒れの防止効果が期待されます。アミノ酪酸はGABAという名前でも知られており、高血圧やストレスの緩和、快眠を招く健康食品としても効果が期待されています。

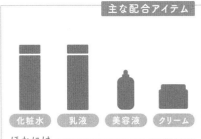

主な配合アイテム

化粧水　乳液　美容液　クリーム

ほかには

血圧効果目的の特定保険用食品として認可、および利用されている。

女王蜂を育てる特別なエキス

ローヤルゼリーエキス

生理活性

ルーツ 女王蜂を育成するため、ミツバチが分泌する特別な栄養から得られるエキス。

ローヤルゼリーエキスとは、花粉やハチミツを摂取したミツバチが体内で生成し、それをもとに分泌したエキスを指します。女王蜂を育成するため、アミノ酸をはじめとする多彩な成分が含まれており、古くから栄養補助食品として用いられています。特にローヤルゼリー酸と呼ばれる10-ヒドロキシデカン酸(126ページ)の含有量、ビタミンB群のパントテン酸の含有量が多いのが特徴です。保湿効果、皮膚細胞の活性作用があり、エイジングケアを目的とする化粧品に配合されます。

主な配合アイテム

洗顔料　化粧水　乳液　美容液　クリーム

ほかには

ヘアケア製品、栄養補助食品など。

エイジング

153

ヒアルロン酸の生成を促し、ハリがアップ！

豆乳発酵液

豆乳を発酵させた培養液。

生理活性

主成分であるマメ科植物ダイズにはタンパク質、ビタミン、ミネラル、脂肪酸が豊富に含まれており、さらに抗酸化力が強いサポニン、細胞膜の主成分であるレシチン、女性ホルモンに似た働きをするイソフラボンなどが含まれます。豆乳発酵液は特にイソフラボンが豊富で、皮膚機能の活性効果、保湿効果、色素沈着の抑制などの効果が期待できます。ヒアルロン酸の生成を促進させるため、皮膚のハリ感をサポートするとして、さまざまなエイジングケア化粧品に配合されます。

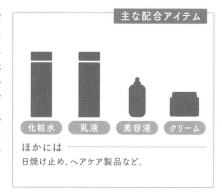

主な配合アイテム

化粧水　乳液　美容液　クリーム

ほかには
日焼け止め、ヘアケア製品など。

コメヌカ生まれのセラミド

コメヌカスフィンゴ糖脂質

イネ科植物イネを精米したときに出る外皮や胚芽、コメヌカから得られる成分。

生理活性

コメヌカから抽出したコメヌカ油に含まれているスフィンゴ糖脂質は、セラミドに糖が結合した分子構造をもち、糖セラミドとも呼ばれます。化粧品に配合すると角層になじんで細胞間脂質を補強、乾燥による肌荒れを防ぐとともに皮膚を保護して外的刺激から守ります。また、メラニン色素をつくる酵素チロシナーゼの働きを阻害してシミを防ぐ、コラーゲン、ヒアルロン酸、エラスチンなどの線維芽細胞を活性化させる働きがあるといわれ、エイジングケアに適した成分です。

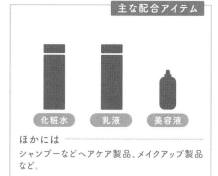

主な配合アイテム

化粧水　乳液　美容液

ほかには
シャンプーなどヘアケア製品、メイクアップ製品など。

カミツレの精油にも存在する抗酸化物質

ビサボロール

ルーツ キク科植物カミツレの花から得られる精油に含まれる。

ビサボロールはカミツレの精油に含まれる成分で、消炎・静菌の効果があり肌荒れ予防や皮膚を清潔に保つ目的の化粧品に配合されます。もともとは医薬品の成分として承認されていましたが、化粧品にも配合できるようになりました。メラニン色素の生成を抑制する働きや抗アレルギー作用もあるため、幅広いエイジング悩みに対応できると期待されています。皮膚に対する刺激がほとんどないため、反応が出やすい敏感肌のエイジングケアに向いている成分です。

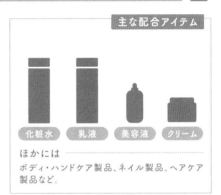

主な配合アイテム

化粧水　乳液　美容液　クリーム

ほかには
ボディ・ハンドケア製品、ネイル製品、ヘアケア製品など。

皮膚を育む必須アミノ酸のひとつ

メチオニン

化粧品表示名 DL-メチオニン、L-メチオニン

ルーツ イオウ分子を含むアミノ酸で水に溶けやすい性質をもつ。

必須アミノ酸のひとつで、タンパク質中にも少量含まれています。水に溶けやすい反面、アルコールには溶けにくいのが特徴です。皮膚や毛髪などの成長を促す作用があり、毛髪や爪の成長を促進する目的の化粧品に配合されることが多い成分です。皮膚に対しては皮膚細胞が健やかに成長するのを促すとともに保湿の作用があるため、乾燥予防だけでなく皮膚の代謝を整える作用があります。そのためエイジングケアを始めとして、さまざまな化粧品に配合されています。

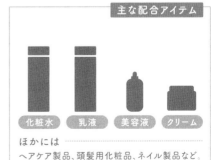

主な配合アイテム

化粧水　乳液　美容液　クリーム

ほかには
ヘアケア製品、頭髪用化粧品、ネイル製品など。

植物由来の抗酸化・抗炎症成分

ルチン

ルーツ マメ科植物エンジュの蕾または花から抽出精製された成分。

抗酸化

ルチンはマメ科植物エンジュを始め、ソバやイチジクなどにも含まれるポリフェノールの一種で、抗酸化作用や消炎作用のほか血管を強くする作用もあるといわれています。化粧品に配合される際はブドウ糖を結合させて水溶性にしたものです。ビタミンCの働きをサポートし、美白作用やコラーゲン生成を促す作用が期待されます。

主な配合アイテム

(化粧水) (乳液) (クリーム)

ほかには
サプリメント、食品添加物など。

パルミチン酸がつながりパワーアップ

パルミトイルトリペプチド-5

ルーツ アミノ酸とパルミチン酸を反応させて得られた成分。

抗酸化

リジンとバリンという2種のアミノ酸のトリペプチド（3個がつながった形）とパルミチン酸の結合物です。皮膚内部のコラーゲンやヒアルロン酸の生成能力を高める働きがあるとされます。シワや皮膚のハリ、水分不足による乾燥肌に対してアプローチし、改善するのを期待されてエイジングケア化粧品に配合されています。

主な配合アイテム

(化粧水) (乳液) (美容液) (クリーム)

ほかには
リップクリームなど。

根強い人気！オレンジ色の抗酸化成分

ユビキノン

| 医薬部外品表示名 | ユビデカレノン | 別 称 | コエンザイムQ10 |

ルーツ 細胞内にも存在する補酵素。

抗酸化

細胞内の細胞内呼吸を行うミトコンドリアの内膜に存在し、エネルギー代謝に関わる補酵素です。コエンザイムQ10という別称でも知られています。エネルギー代謝が加齢とともに低下するのを防ぎ、皮膚を活性化させる働きがあります。また、活性酸素による酸化を抑制するため、細胞の老化を防ぐ働きも期待されます。2004年に化粧品への配合が認可され、エイジングケア成分としてブームとなりました。現在もその高い効果を期待して、さまざまな製品に配合されています。

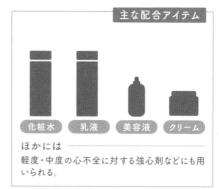

主な配合アイテム

(化粧水) (乳液) (美容液) (クリーム)

ほかには
軽度・中度の心不全に対する強心剤などにも用いられる。

エイジング肌、乾燥肌、くすみ肌のサポーター

ニコチン酸トコフェロール

医薬部外品表示名 ニコチン酸dl-α-トコフェロール など

ルーツ ニコチン酸とトコフェロールのエステル化により合成。

生理活性

ビタミンB群の一種であるニコチン酸とビタミンEであるトコフェロールのエステル化によってつくられた柔らかい固形の成分です。タバコに含まれる有害物質「ニコチン」とは関係ありません。皮膚に有用な効果を複数もつビタミンBとビタミンEの効果を併せもっており、肌荒れ防止、くすみ防止を目的とした化粧品に配合されます。また、毛細血管を強化して血行を促進し、新陳代謝を促す作用もあるため、さまざまなエイジングケア化粧品に配合される成分です。

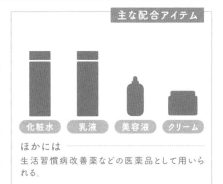

主な配合アイテム

化粧水　乳液　美容液　クリーム

ほかには
生活習慣病改善薬などの医薬品として用いられる。

米胚芽に含まれ血液の循環をスムーズに

オリザノール

医薬部外品表示名 γ-オリザノール

ルーツ 米胚芽に含まれる。フェルラ酸の誘導体。

生理活性

オリザノールは1953年日本の研究者によってコメヌカ油から抽出された成分で、血液の循環を促す働きがあり、更年期障害の症状軽減を目的とした医薬品として用いられてきました。抗酸化作用もあるため加齢による皮膚機能の低下を防ぐ、活性酸素を除去する、メラニン色素の生成を抑制する働きを期待して化粧品に配合されています。

主な配合アイテム

化粧水　乳液　美容液　クリーム

ほかには
日焼け止め、メイクアップ製品、医薬品など。

女性ホルモンのように働いて肌がイキイキ

エストラジオール類

化粧品表示名 エストラジオール、エチニルエストラジオールほか

ルーツ 女性ホルモンのひとつである卵胞ホルモン。

生理活性

エストラジオールは卵胞ホルモンの一種で卵巣や胎盤などに多く存在します。美容成分としては女性ホルモンの一種であるエステロンを還元して合成されました。女性の美肌との関係が強く新陳代謝を活発にする、ダメージを受けた皮膚を再生する、皮脂の合成を抑制するという働きが期待される成分です。

主な配合アイテム

化粧水　乳液　美容液　クリーム

ほかには
更年期のホルモン補充療法に用いられる。

エイジング

157

ビタミンBの働きでバリア機能を強化

ビオチン

抗酸化

ルーツ 卵黄から採取されるビタミンB群の一種。

　酵母の成長を促進させる成分として発見された水溶性ビタミンの一種でビタミンHとも呼ばれます。脂肪やタンパク質の代謝促進に関する働きをもつ補酵素です。皮膚や髪、爪のアミノ酸を構成するのを助ける役割をもちます。ビオチンの不足によるコラーゲン生成の低下を防ぐことを期待してエイジングケア化粧品に配合されます。

主な配合アイテム

化粧水　乳液　美容液　クリーム

ほかには
サプリメントなど。

別名「造血のビタミン」。新陳代謝を促す

葉　酸

生理活性

ルーツ ビタミンB群に含まれる生体成分。

　ビタミンB群の水溶性ビタミンで化学的にはプテロイルグルタミン酸ともいいます。ビタミンB12とともに赤血球をつくるため「造血のビタミン」ともいわれます。DNAやRNAなどの核酸やタンパク質の合成を促すため、妊娠中は欠かせない栄養素とされます。皮膚細胞の正常な発育に働くとされ、化粧品に用いられ始めています。韓国コスメを中心に増えてきた成分です。

主な配合アイテム

化粧水　乳液　美容液　クリーム

ほかには
サプリメントなど。

皮膚細胞生まれ変わりのエネルギー源

カルニチン

別称 L-カルニチン

生理活性

ルーツ ヒドロキシアミノ酸で脂質代謝に関与する成分。

　カルニチンは脂肪酸の燃焼を促進し、さまざまな代謝のエネルギーを供給するとされています。また、皮膚機能の活性化効果が期待されるので、引き締まったハリのある皮膚を維持する目的の製品に配合されます。カルニチンの塩化物は塩化レボカルニチンで、肌荒れの医薬部外品の有効成分として承認されています。

主な配合アイテム

化粧水　乳液　美容液　クリーム

ほかには
サプリメントなど。

皮膚本来の機能を取り戻し健康に!

リボフラビン

生理活性

ルーツ 牛乳から抽出するほか化学合成によって得られる。

　リボフラビンとはビタミンB2のことを指します。体内で酸化還元を行う酵素をサポートし、欠乏すると口元や鼻、耳の周りに脂漏性皮膚炎が起きやすくなります。皮膚機能を正常に保つ機能がある水溶性のビタミンなので、皮膚本来がもつ機能を取り戻し、健康な状態を維持させる目的の化粧品に幅広く配合されています。

主な配合アイテム

化粧水　乳液　美容液　クリーム

ほかには
ヘアケア製品、パーマネント剤、染毛剤など。

傷んだ細胞にアプローチして修復

リノレン酸

医薬部外品表示名　α-リノレン酸

生理活性

ルーツ 植物油に多く存在するほか、動物の体脂肪中にも含まれる。

　自然界ではエゴマ油、シソ油、アマニ油などの植物油にグリセリドとして含まれている液状の不飽和脂肪酸で、必須脂肪酸のひとつです。リノレン酸は皮膚親和性が高く、水分蒸発を抑えて柔軟性や滑らかさをもたらします。さらに皮膚組織活性化効果が期待され、エイジングケア化粧品に配合されます。

主な配合アイテム

化粧水　　乳液　　美容液　　クリーム

ほかには
ヘアケア製品、ボディケア製品など。

外部刺激から皮膚をガード

タウリン

医薬部外品表示名　アミノエチルスルホン酸

生理活性

ルーツ 生体内に含まれるアミノ酸の一種。

　人体のすべての組織に存在し、特に心臓、骨格筋、肝臓、脳、網膜などの組織に高濃度で存在しています。皮膚機能を活性させる効果があるため、健康的な皮膚を保つ目的でさまざまな化粧品に配合されています。また、角層の水分量を増加させる働きがあり保湿性にすぐれているため、乾燥肌のケアや肌荒れの予防に向いています。

主な配合アイテム

化粧水　　乳液　　美容液　　クリーム

ほかには
風味改良目的の食品添加物、医薬品、医薬品添加剤として用いられる。

Column

エイジングケアはいつから？なにから始める？

　シミやシワ、たるみ、くすみといったエイジング肌特有の形状変化が現れるようになったらエイジングケアを開始する、それがこのところの美容常識となってきました。個人差もありますが、だいたい20代半ばくらいからこれらの悩みが現れてくるため、気になり始めたらエイジングケアを始めてもよいでしょう。

　エイジングケアを目的とした化粧品の多くは、保湿や美白といった美容成分が高濃度で配合されているだけでなく、抗酸化作用やターンオーバーの促進などエイジングの原因となる機能低下にアプローチする成分が配合されているものが

ほとんどです。現代は紫外線や大気汚染などの影響でどの世代も酸化ストレスと戦っている時代。シミやシワ、たるみといったエイジング肌特有の形状変化が現れる前でも、予防的にエイジングケア化粧品を使うのも有効でしょう。

　よく「若いうちからエイジングケアを始めると肌が怠けて働かなくなる」という人がいますが、科学的根拠はありません。自分の肌をよく見て、適切な化粧品を使って必要なケアを行ってください。

エイジング

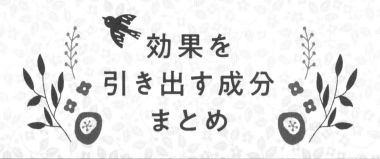

効果を引き出す成分 まとめ

化粧品には使う人が欲しい効果・目的に応じてさまざまな成分が配合され、
商品のコンセプト・特徴を際立てて製品化しています。
成分の働きを理解して納得した上で、信頼できる製品を選びましょう。

「保湿」

すべてのスキンケアの基本となる要素です。乾燥している・水分が足りないと感じたら「保湿」の製品を選びましょう。

「美白」

本来の肌色ではない、シミが気になると感じたときは「美白」のスキンケアを取り入れましょう。

「シワ」

ハリが失われている、目元や口元のシワが気になるというときに。加齢が原因なら「エイジング」の成分も取り入れて。

「脂性肌」「毛穴」「ニキビ」

いずれも過剰な皮脂分泌が原因です。いちばん気になることにフォーカスして、化粧品を選びましょう。

「くすみ」

血行不良と色素沈着が原因です。角層ケア、保湿ケア、そして糖化対策など、多角的なアプローチが必要です。

「紫外線」

シミ、シワ、たるみを引き起こす美容の大敵は紫外線。効果的に防止するには使い方もポイントです。

「エイジング」

加齢肌の悩みは皮膚機能の低下で起こります。さまざまな成分のサポートで機能を高め、若々しさのキープを目指しましょう。

Part 4

その他の成分

いくら美容効果抜群な成分があったとしても、
それだけ塗っても期待する効果が
得られることはほとんどありません。
化粧品として心地よく、安心・安全に使うのは、
品質や効果を保つ成分が不可欠です。
ひとつひとつが支えあい
化粧品を成立させている成分を紹介しましょう。

さまざまな成分と種類

さまざまな成分が支えあい、「化粧品」が成り立っています

化粧品は効果を引き出す成分だけで構成されるものではありません。分離などの変質や雑菌などによる汚染を防ぎ、最後まで安心して使えるように品質を保つ成分がとても重要です。さらに滑らかな触感をプラスしたり、成分がもつ独特の臭いをカバーするため香りを加えたりすることで心地よく使えるようにすることも欠かせません。これらの役割をもつ成分が、防腐剤、増粘剤、キレート剤、酸化防止剤、pH調整剤、そして香料、着色料です。直接皮膚に作用しないため不要なものと捉えがちかもしれません。しかし、化粧品に不要なものは一つも入っていません。どれも化粧品の品質を守り、自分の肌を守ってくれるものなのです。

雑菌による変質をブロック！

防腐剤

そもそも化粧品は雑菌が好む栄養豊富な成分がたくさん含まれています。さらに長期間常温保存する、手にとって使用するというさまざまな理由から、化粧品は微生物や雑菌が入り込みやすい上に繁殖しやすいという条件がそろっているのです。そこで、化粧品を変質や腐敗から守るために配合されるのが、防腐剤です。日本では安全性を認められたものだけが化粧品に配合できるので、アレルギーがない限り過剰に心配する必要はありません。

代表的な防腐剤

パラベン類、フェノキシエタノール、安息香酸Naなど。

理想的な使用感を実現する

増粘剤

化粧品にはとろりとした滑らかなものから、ぷるぷるとした弾力のあるものまで、さまざまな質感、いわゆるテクスチャーのものがあります。これらテクスチャーを決めている成分が増粘剤。液体に溶かすことでとろみをつけたり硬さをもたらしたりする働きの成分です。水性成分と油性成分が分離せず乳液として安定させるための乳化安定作用や、化粧水や美容液にとろみをつけて使用感をよくする、高級感を演出するといった役割も果たします。

代表的な増粘剤

キサンタンガム、パルミチン酸デキストリンなど。

キレート剤

水にはカルシウム、マグネシウム、ナトリウムなどの金属イオンが溶け込んでいます。金属イオンが成分とくっつくと化粧品に溶け込まず沈殿したり、色や臭いに変化が現れたりして化粧品本来の効果が発揮できなくなることがあります。皮膚には直接影響がないものの、わずかな量でも化粧品に配合された成分に影響を与えてしまうのが金属イオンなのです。これらの悪影響を抑えるために配合されるのがキレート剤(金属イオン封鎖剤)です。

代表的なキレート剤

エデト酸、エチドロン酸など。

酸化防止剤

化粧品が未開封であれば、空気に触れることはないため酸化という劣化の現象は起こりません。しかし、封を開けて空気に触れた瞬間、少しずつ酸化が進み、やがて化粧品に含まれる油脂類が変質し、色や臭いが劣化してしまいます。これを防ぐのが酸化防止剤です。酸化防止剤が配合されると、油脂類の代わりに酸化防止剤が酸化されます。つまり、酸化防止剤は油脂類の身代わりとなって化粧品の酸化を防いでいるのです。

代表的な防腐剤

トコフェロール、BHTなど。

pH 調整剤

pHとは液体が酸性なのかアルカリ性なのかを表す尺度です。化粧品にはpHが変動すると効果が発揮されなくなる成分や品質が安定しなくなってしまう成分が含まれていることがあります。そこで、pHを保つために配合されるのがpH調整剤です。皮膚は弱酸性なので酸性またはアルカリ性が強すぎる成分をつけると刺激になりやすい、あるいは少ない防腐剤で雑菌の繁殖を抑えるという理由で化粧品のpHを弱酸性に調整することがあります。

代表的なpH調整剤

アルギニン、クエン酸、水酸化ナトリウム、コハク酸など。

香 料

香りは鼻から脳に知覚情報として伝わり、精神安定などさまざまな作用をもたらす 大切な要素です。香料は香りをつけるため、原料の臭いを隠すためにも使われます。

代表的な香料

合成香料、天然香料

着色料

着色料は大きく分けて化粧品自体に色をつけて製品の見た目をよくする染料とメイクアップ化粧品に配合されて皮膚を彩る顔料があり、目的に応じて使い分けられています。

代表的な着色料

法定色素、カラメル、β カロチン

美容成分
③

化粧品の安全性を守るガードマン

防腐剤

作られてから使い終わるまでの期間、品質を保つ

化粧品は工場で製造されてから使い終わるまでの期間が長い製品です。開封前は衛生状態が厳しく管理されているため雑菌などの異物が入り込む隙はありませんが、消費者が開封した瞬間から異物混入の危険と隣り合わせになります。防腐剤とは、取り扱い方の上で混入する可能性のある雑菌や微生物が増殖することによって起きる品質の変化、変質、劣化を防ぐために配合される成分を指します。

多くの化粧品・食品・医薬品に使用

パラベン類

化粧品表示名 メチルパラベン、プロピルパラベンなど

ルーツ パラオキシ安息香酸とアルコール類とのエステル化合物。

医薬品や食品の防腐剤としても使用されている安全性の高い成分です。少量ですぐれた防腐効果を示すため、配合量が少なくて済むという特徴があります。微生物や菌の死滅・減少・増殖抑制の効果や水性成分の腐敗を防ぐ働きがあるため、多くの化粧品に配合されます。種類によってターゲットとする微生物や菌が異なるため、複数を組み合わせて配合されることがあります。配合量の上限は全体の最大1%と定められていますが、多くの製品ではそれより少ない量で配合されています。

Column

パラベンフリーって?

「自然派」や「肌に優しい」と銘打った化粧品には「パラベンフリー」をアピールしているものが多くあります。これは「防腐剤が入っていない」という意味ではありません。パラベンが入っていないだけで、フェノキシエタノール(165ページ)などのほかの防腐剤が配合されている場合がほとんど。なぜなら防腐剤が配合されていないと品質が劣化し、皮膚に害を与えてしまうこともあるからです。防腐剤は製品の安全性を高めるために配合されています。決して不要なものではなくむしろ不可欠だということは改めて理解してほしいと思います。

パラベンの代役を務める抗菌剤

フェノキシエタノール

ルーツ グリコールエーテルから
つくられる成分。

　パラベン類の効果が出にくいグラム陰性菌などに対して強い抑制効果があり、さまざまな化粧品使用が増えている成分です。パラベンフリー、パラベン不使用を謳う化粧品に配合されることが多い成分です。しかし、パラベン類より抗菌力が弱いため配合量が増えてしまう傾向があります。その欠点を補うため、パラベンと併用することでフェノキシエタノールの配合量を減らすとともに相乗的に効果を高める処方をされます。この場合はパラベンフリーの化粧品にはなりません。化粧水からクリームまでのスキンケア製品からヘアケア製品まで幅広く用いられる成分です。

洗浄系の製品が得意

安息香酸 Na

医薬部外品表示名 安息香酸ナトリウム

ルーツ 安息香酸のナトリウム塩。

　安息香酸は水にはわずかに溶け、アルコールに溶ける性質があります。そのナトリウム塩である安息香酸Naは水に溶けやすい性質をもっています。防腐剤としては食品や飲料の保存料としても承認されているなど、幅広い領域で用いられる安全性の高い成分です。しかし、酸性領域では静菌効果を発揮するものの、アルカリ性領域では不活性となり、カビや酵母類に対して防腐効果がなくなります。主にシャンプーやボディソープ、洗顔料など洗浄系製品を中心に配合されています。

微生物の発育を抑える

デヒドロ酢酸Na

医薬部外品表示名 デヒドロ酢酸ナトリウム

ルーツ デヒドロ酢酸のナトリウム塩。

　食品の保存剤としても承認されている水溶性の防腐剤です。作用が強くはないものの、酸性領域でカビ、酵母、グラム陽性菌に対して静菌効果を示します。

Column

防腐剤に配合できる成分

　防腐剤として配合できるのは、厚生労働省によって配合制限成分（ポジティブリスト・169ページ）に収録されている成分に限定されています。

防腐剤の働きをする成分

多価アルコール類

化粧品表示名 BG、ペンチレングリコール、グリセリン、エタノールなど

ルーツ 分子中に2個以上のOH基を含む。

　多価アルコールは防腐剤ではなく保湿成分やベース成分で使われる成分です。しかし、配合比率によって防腐効果が現れる特性があります。パラベンフリー、防腐剤フリーの製品では防腐作用を期待して配合しています。

アクネ菌を抑制しニキビにもアプローチ

o-シメン-5-オール

医薬部外品表示名 イソプロピルメチルフェノール

ルーツ フェノールの誘導体。

　細菌性皮膚炎疾患薬としても用いられる成分です。幅広い抗菌活性を示す抗菌剤であり、化粧品では防腐剤としても使われています。

165

心地よい感触を生み出す化粧品の名サポーター

増粘剤

テクスチャーによって満足度も変わる

化粧品にはぷるぷるとしたゼリー状のものから、とろりとした液性のものまでさまざまな形状があります。こうした質感（テクスチャー）を決めるのが増粘剤です。スキンケア商品にしっとり感を与える、ファンデーションなど粉状のメイクアップ化粧品を安定分散させるという役割の水溶性増粘剤と、クレンジングオイルやリキッドファンデーションの感触をよくするために用いられる油溶性増粘剤があります。

水性成分にとろみをつけて固さを調整

キサンタンガム

ルーツ 炭水化物を菌の力で発酵して得られる多糖類。

キサンタンガムは自然界ではキャベツに含まれるほか、キサントモナス属菌が熱や乾燥などから自らを守るために産生する保護膜として存在しています。工業的につくる場合は炭水化物をキサントモナス菌で発酵させて生成します。酸性からアルカリ性まで幅広く増粘安定性が高いのが特徴で、温度による変化がほとんどないため、食品や医薬品を始めとしてさまざまな製品に用いられています。皮膚表面で保護膜をつくるという保湿性も高いため、保湿クリームや美容液などに多用されています。また、ほかの多糖類と比較して低濃度で高粘度を示すのが特徴です。

油性成分にとろみつけやゲル化をプラス

パルミチン酸デキストリン

ルーツ パルミチン酸とデキストリンのエステル。

パルミチン酸デキストリンは高級脂肪酸のパルミチン酸と、デンプンからつくられたデキストリンを化合して生成された成分です。乳化を安定させる効果があるため、乳液やクリームなどによく使用されています。炭化水素、エステル、トリグリセリド系の油溶性成分に溶かすと低い濃度で増粘効果を示し、ゲル化させる働きがあります。濃度を高くするほどゲルの固さが増すので、とろりとした滑らかな感触の化粧水や美容液から、ぷるぷるとした感触の固めのゲルまで、幅広い製品に配合されています。

166

ひんやりした清涼感でパックにも

ベントナイト

> **ルーツ** モンモリロナイトを主成分とした天然の粘土鉱物。

　自身の体積の数十倍も水を吸収してゲルを形成し、製品を乳化安定させます。化粧水や美容液、パックなど幅広い製品に使われます。

メイクアップ・ネイル製品を安定させる

ステアラルコニウムヘクトライト

> **ルーツ** 粘土鉱物にカチオン界面活性剤を吸着処理して得られる有機変性のベントナイト。

　油と混ぜることで油に粘度を与えることができる成分です。乳化剤や増粘剤として口紅、アイシャドウ、マニキュアなどに用いられます。

無色透明の液体の増粘剤に

ヒドロキシエチルセルロース

> **ルーツ** セルロースに酸化エチルを付加させた水溶性高分子。

　水によく溶けやすい高分子の成分で、とろりとした液体にするための増粘剤としてスキンケアからメイクアップ製品まで使われています。

粘度を調整して感触をよくする万能選手

セルロースガム

| 医薬部外品表示名 | カルボキシメチルセルロースナトリウム |

> **ルーツ** セルロースを水に溶けやすくした誘導体。

　製品に粘度を与えるだけでなく、フィルム形成、接着性などすぐれた性能があり、化粧品の粘度調整、感触改良、乳化安定に使われます。

独特の感触でハリ感アップ

カラギーナン

> **ルーツ** 紅藻類のスギノリ科とミリン科の海藻から抽出された多糖類。海藻エキスの一種。

　独特の粘性と感触があり増粘効果と製品の安定化、感触の調整を目的に配合されます。保湿効果も高く、皮膚にハリ感を与えます。

日本では昔からおなじみの成分

カンテン

| 医薬部外品表示名 | カンテン末 |

> **ルーツ** 海藻のマクサから得られる多糖類。

　ゲル化するので特殊な形状のパックに配合されることがあります。ほかの高分子状の化粧品成分と混ぜて感触の調整にも使われます。

粘度を調整して皮膚にハリ感をプラス

ポリビニルアルコール

> **ルーツ** ポリ酢酸ビニルの加水分解物。

　水に溶ける高分子の成分で、製品をとろりとした液体にするため用いられます。ピールオフパックのフィルム形成剤としても使われます。

医薬品にも用いられる増粘剤

ケイ酸（Al／Mg）

| 医薬部外品表示名 | ケイ酸アルミニウムマグネシウム |

> **ルーツ** 天然の鉱物から得られる複合ケイ酸塩。

　水に加えると粘度が高くなり、濃度を高くするとドロっとしたゲル状になります。化粧品の粘度・乳化安定を調整する目的で配合されます。

オールマイティな増粘剤

カルボマー

医薬部外品表示名 カルボキシビニルポリマー

ルーツ アクリル酸を主体とする水溶性高分子。

水溶性増粘剤

水に溶かしてアルカリで中和させると増粘する性質をもち、ほとんどの場合水酸化Kや水酸化Na、TEAといったアルカリ成分と一緒に配合されます。水以外の液体も増粘させることができ、アルコール類や多くの高分子原料ともよく混ざり合うのが特徴の成分です。増粘性にすぐれているため、乳化系や分散系の凝集や沈殿を防ぎ安定化や感触の調整を目的に配合されています。

表示例
カルボマーK、カルボマーNa、カルボマーTEA

オールインワンゲルでおなじみの成分

（アクリレーツ／アクリル酸アルキル（C10-39））クロスポリマー

医薬部外品表示名 アクリル酸・メタクリル酸アルキル共重合体

ルーツ アクリル酸などとアクリル酸アルキルの共重合体をある種のショ糖で架橋したもの。

油溶性増粘剤

水に溶かして水酸化Kや水酸化Naなどのアルカリで中和すると増粘する成分です。油ともなじみやすい構造をもっているので、乳化を安定させることができます。増粘剤、乳化安定剤の両方の働きをもった成分として、乳化化粧品に幅広く使われています。

表示例
（アクリル酸／アクリル酸アルキル（C10-30））コポリマー、（アクリル酸／アクリル酸アルキル（C10-30））コポリマーK、（アクリル酸／アクリル酸アルキル（C10-30））Na、（アクリレーツ／アクリル酸アルキル（C10-30））クロスポリマー、（アクリレーツ／アクリル酸アルキル（C10-30））クロスポリマーKなど

料理にも化粧品にも使われる成分

コーンスターチ

医薬部外品表示名 トウモロコシデンプン、乾燥トウモロコシデンプン

ルーツ イネ科植物トウモロコシの種子の胚乳から得られるデンプン。

水溶性増粘剤

感触や皮膚への伸びをよくする目的でフェイスパウダーなどにタルク（214ページ）と混ぜて使われます。クリームなどにも配合されます。

幅広いメイクアップ製品に配合

ジステアルジモニウムヘクトライト

医薬部外品表示名 ジメチルジステアリルアンモニウムヘクトライト

ルーツ 粘土鉱物のヘクトライトにアンモニウム塩の一種を反応させて得られる成分。

油溶性増粘剤

オイルベースの増粘効果や粉体の分散を安定させるため、リキッドファンデーションなどのメイクアップ製品に広く使われています。

水をたっぷり含み乳液やクリームに好適

ポリアクリル酸Na

医薬部外品表示名 ポリアクリル酸ナトリウム

ルーツ アクリル酸重合体のナトリウム塩。

水溶性増粘剤

吸湿性が高く、アルカリ性領域で粘度が増大し、クリームや乳液に使われます。メイクアップ製品では粉体の分散剤として使われます。

保湿性にすぐれ増粘効果も

PEG類

医薬部外品表示名 PEG-6,8,20

ルーツ 酸化エチレンの重合体かつ多価アルコール。

水溶性増粘剤

数字をつけて区別し、分子が大きいほど数字が大きく、大きさの組み合わせにより増粘効果が変わります。保湿効果もあります。

ポジティブリストとネガティブリスト

2001年の医薬品医療機器等法(旧・薬事法)により、化粧品に配合される成分は製造販売元の自己責任で原則自由配合となりました。しかし、それでは製品に対する安全性においてメーカーごとにバラつきが出てしまいかねません。そこで取り入れられたのが、品質や安全性の全責任を負う「製造販売業者」を許可制にしたことと、化粧品を製造販売する上で最低限守らなければならないガイドラインとして「化粧品基準」を定めたことです。これにより定められたものが、ポジティブリストとネガティブリストです。それぞれの内容について解説しましょう。

ポジティブリスト

防腐剤(164ページ)、紫外線吸収剤(136ページ)、タール色素(179ページ)に関する決まりごと。これらの成分は、リストにあるものしか配合できません。防腐剤と紫外線吸収剤は100gあたりで使用できる最大配合量が明示されています。

すべての化粧品に配合の制限がある成分	安息香酸、サリチル酸、フェノキシエタノールなど。
化粧品の種類または使用目的により配合の制限がある成分	亜鉛、アンモニア、イソプロピルメチルフェノール、クレゾールなど。

ネガティブリスト

人体へ悪影響を及ぼすため化粧品への配合が禁止されている成分と、配合量に上限がある成分がリストになっています。

配合禁止成分	6-アセトキシ-2,4-ジメチル-m-ジオキサン、アミノエーテル型の抗ヒスタミン剤(ジフェンヒドラミン等)以外の抗ヒスタミン、エストラジオール、エストロンまたはエチニルエストラジオール以外のホルモンおよびその誘導体など全30品目。
すべての化粧品に配合の制限がある成分	アラントインクロルヒドロキシアルミニウム、サリチル酸フェニルなど。
化粧品の種類または使用目的により配合の制限がある成分	エアゾール剤・ジルコニウム、チラム、ラウロイルサルコシンナトリウムなど。
化粧品の種類により配合の制限がある成分	チオクト酸、ユビデカレノン。

金属イオンによる化粧品の劣化を防ぐ

キレート剤

微量なミネラルなどをしっかりキャッチして封鎖

ヨーロッパの水はカルシウムなどの金属イオンを多く含む「硬水」です。ヨーロッパで石けんなどが泡立ちにくいのは、ミネラルと結合すると界面活性の能力が失われ、洗浄力がなくなってしまうからです。

このように金属イオンが化粧品成分を変質するのを防ぐために配合されるのが、キレート剤です。ほかの成分を金属イオンによる変質から守るため、「金属イオン封鎖剤」とも呼ばれます。

もっとも使われているキレート剤

エデト酸類

| 化粧品表示名 | エデト酸塩、エデト酸Naなど |

| ルーツ | エチレンジアミンとクロロ酢酸ナトリウムから合成される成分。 |

キレート剤の代表的な成分で、製品中に微量に含まれる金属イオンの変色や沈殿といった品質の劣化を効果的に防ぐ作用があります。化粧品を安定させて透明度を高める作用があるため、多くの製品に配合されています。配合されているほかの成分の酸化を防ぐことから、酸化防止剤としても使われます。

| エデト酸塩の種類 |

エデト酸四ナトリウム（EDTA-4Na）（エチレンジアミン四酢酸ナトリウムとも）、エデト酸三ナトリウム（EDTA-3Na）、エデト酸二ナトリウム、エデト酸塩（EDTA-2Na）

硬水の泡立ちをよくする

エチドロン酸

| 医薬部外品表示名 | ヒドロキシエタンジホスホン酸液 |

| ルーツ | 有機ジホスホン酸。 |

エチドロン酸はすぐれた金属イオン封鎖機能をもつため、キレート剤の中ではよく使われる成分です。特にカルシウムイオンなどの金属イオンを含む硬水を軟化させる効果があるため、石けんやシャンプーなどの洗剤に配合されて泡立ちをよくする作用を発揮しています。また、化粧品の安定化目的でさまざまな製品に配合されています。変色防止や沈殿物を防ぐ安定化成分としても活用されています。

| その他の使用例 |

食品添加物や医薬品のほか工業製品の防サビ剤としても用いられる。

メタリン酸Na

医薬部外品表示名 メタリン酸ナトリウム

ルーツ ポリリン酸塩のナトリウム塩。

　カルシウムやマグネシウムなどの金属イオンと強く結びつくため、キレート剤として用いられている成分です。化粧品の金属イオンによる影響を抑えて製品が変色・変臭したり成分が変質したりするのを抑え、製品の劣化を防ぎます。化粧水や美容液など透明な液体が濁ったり沈殿したりするのを防いだり、シャンプーなどの洗浄剤の泡立ちが悪くなるのを防いだりします。食品ではタンパク質の沈殿剤や結着剤、保水性の分散剤として魚肉練り製品などに用いられています。医薬品では安定化などを目的とする医薬品添加剤として利用されています。

グルコン酸Na

医薬部外品表示名 グルコン酸ナトリウム

ルーツ グルコースを原料とするグルコン酸のナトリウム塩。

　ハチミツやローヤルゼリー、大豆、米、しいたけ、酢、味噌など多くの天然食品に含まれる有機酸の一種、グルコン酸のナトリウム塩です。保存性の向上や品質の改良、発酵調整など食塩の食品加工機能を代替することができるため、さまざまな食品、健康食品にも利用される成分です。化粧品に配合される場合は、金属イオンの影響を封鎖するキレート剤として使われるだけでなく、皮膚を滑らかにする、保湿や保護の役割を期待されて配合されます。また、シャンプーや石けんの泡立ちをよくするために配合されることも多く、幅広い化粧品に用いられています。

ペンテト酸5Na

医薬部外品表示名 ジエチレントリアミン五酢酸五ナトリウム液

ルーツ ジエチレントリアミンを反応させて得た成分でペンテト酸の五ナトリウム塩。

　ペンテト酸5Naは化学合成された成分ですが、台湾ヒノキの精油にも含まれています。ペンテト酸は水によく溶ける性質をもち、エデト酸(EDTA)とよく似た構造と性質をもっています。ペンテト酸およびペンテト酸Naは金属イオンを封鎖する機能をもっているため、硬水を軟化させる、化粧品を安定化させるといった目的で幅広く化粧品に配合されます。また、石けんの泡立ちを保つとともに石けんの変色を防ぐ、石けんカスを出さないといった効果もあるため、石けんやシャンプー、ボディソープ、洗顔料といった洗浄剤に配合されます。

フィチン酸

医薬部外品表示名 フィチン酸液

ルーツ イノシトール-6-リン酸と呼ばれる化合物。

　フィチン酸は自然界ではコメヌカなど穀類や豆類に含まれる天然成分で、血中の偏ったミネラルバランスを整える効果が期待されるとして、生活習慣病による血液改善を目指すサプリメントなどにも利用される成分です。皮膚に与える影響としてはうるおいを与えて皮膚を柔らかくする効果や角層の油分バランスを整える効果もあります。化粧品への主な配合目的はキレート作用ですが、フィチン酸は金属イオンを封鎖する働きがあるため、金属イオンによる化粧品の劣化を防いだり、石けんの泡立ちをよくしたりする効果を期待してさまざまな製品に配合されています。

キレート剤

化粧品の敵「空気」から品質を守る

酸化防止剤

品質を守るためになくてはならない成分

酸化とは空気中に含まれる酸素と物質がくっついて起きる化学反応のこと。日常生活では鉄が錆びたり、衣類の色が褪せたり、カットしたリンゴが変色したりする現象が「酸化」の代表的な例です。特に化粧品はさまざまな成分が配合されており、これらが空気中の酸素を吸収して少しずつ酸化・変質していきます。化粧品の酸化が進むと、不快な臭いや変色が起こり製品の安定性が損なわれて、分離などを引き起こす、製品の中に過酸化脂質が生じて皮膚にダメージを与えるなどさまざまな悪影響があります。こうした害を防ぐために配合されるのが酸化防止剤で、製造から使用終了まで変わらない品質と安全性が保てるのは、酸化防止剤のおかげです。

食品にも使われるオールマイティな酸化防止剤

見た目は新鮮なままに、
味も美味しく保つ

酸化の現象は食品でも起こります。よく見るものとしてはリンゴやバナナなどの変色があります。アミノ酸や脂質が変質して悪臭がするのも酸化が原因です。食品に用いられる酸化防止剤の中には化粧品に配合されるものもいくつかあります。その中にはビタミンCのように活躍の範囲が広いスーパースター成分もあるなど、製品の酸化防止だけでなく、皮膚に対して抗酸化作用を発揮するものも少なくありません。ここでは食品にも含まれる酸化防止成分を紹介します。

ビタミンC（アスコルビン酸）

美白やシワ対策にも有効なビタミンCは油溶性成分との親和性が高く、脂質類の酸化防止に向いています。飲料によく使われます。

ポリフェノール類

エラグ酸、ルチン、アスタキサンチンなど。製品の酸化だけでなく、皮膚の酸化も防ぐ抗酸化成分です。

亜硫酸Na

ワインを酸化による変質、特に香りや風味が劣化することを防ぐために昔から添加されている成分です。化粧品分野では主にヘアカラーやパーマの還元剤として用いられています。

BHT

医薬部外品表示名	ジブチルヒドロキシトルエン

ルーツ 有機溶剤の一種、トルエンの誘導体。

多価アルコールやオイルによく溶ける成分で、酸化防止効果にすぐれています。BHTはさまざまな化粧品によく配合されている油脂類が酸化することを防ぐ作用が高く、多くの化粧品に配合されています。ほかの酸化防止剤と比べて熱や光に対しても高い安定性があるのも大きな利点で、酸化による退色や変色が起こりやすいメイクアップ製品には特によく使われています。食用の油脂類や魚介の乾製品・塩蔵品など酸化防止剤としても用いられるほか、医薬品添加剤としても幅広く使われる成分です。

＋α効果の酸化防止剤

トコフェロール類

医薬部外品表示名	dl-α-トコフェロール、天然ビタミンEなど

ルーツ ビタミンEおよびその誘導体。

自然界においては穀物、緑葉植物、海藻類、野菜、魚類など、特に植物油に多く含まれている成分です。水にはほとんど溶けず、オイルやアルコールによく溶けるためオイルやアルコールが含まれる化粧品の酸化防止剤として用いられています。トコフェロールは活性酸素を引き寄せて自らが酸化することにより製品の酸化を防ぐ働きがあるため、製品が酸化して劣化するのを防ぎます。また、皮膚の血液循環をよくする、皮膚の酸化を防ぐ、肌荒れのケアをするという効果も高いため、エイジングケア製品などにも幅広く配合される成分です。

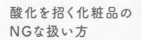

酸化を招く化粧品のNGな扱い方

酸化防止剤が入っていても間違った扱い方をしていると酸化リスクが高まります。次の扱い方は避けましょう。

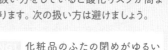

NG 化粧品のふたの閉めがゆるい

化粧品のふたが開けっ放しなのはもちろん、しっかり閉めないと空気が入り込み酸化リスクが高まります。

NG 化粧品を撹拌する

「振り混ぜて使う」という製品以外で化粧品を振ると空気と接する面が大きくなり酸化しやすい。マスカラのブラシを容器内で上下させるのもNG。

NG 不潔な道具を使う

メイクアップ化粧品のブラシやスポンジ、クリームなどのスパチュラについた雑菌が繁殖すると酸化のリスクも高まります。道具は常に清潔にしておきましょう。

トコフェロールの種類

● **dl-α-トコフェロール**
化学合成されたビタミンEなのだが、安全性も効果も同じ。

● **d-δ-トコフェロール**
大豆油、菜種油、綿実油などから抽出される。

● **天然ビタミンE**
大豆その他植物から得られる混合トコフェロール。

● **酢酸トコフェロール**
トコフェロールを酢酸でエステル化したビタミンE誘導体。血行促進効果もある。

酸化防止剤

化粧品のpHを安定させて個性を際立たせる

pH調整剤

化粧品の品質と効果をキープする

pHとは水溶液の性質を表す単位で、0から14までの数値で酸性からアルカリ性までの度合いを表します。多くの化粧品にはpHが変動すると効果を発揮しなくなる成分や品質の安定性が保てなくなる成分が含まれているため、製品の目的にあったpHを保つことはとても重要になります。そのために配合されているのがpH調整剤です。皮膚に対して影響を及ぼす成分ではありませんが、購入してから使い終わるまで品質を保つために欠かせません。防腐剤が抗菌作用を発揮するのが弱酸性であること、皮膚のpHが弱酸性であることから多くのスキンケア化粧品は中性から弱酸性に調整されています。

pHってなに?

pHとは水溶液中の水素イオン濃度を示す指数で、「水素イオン指数」とも呼ばれます。酸性の代表的な例はレモンや酢で、酸っぱい味と金属と反応して水素を出す、細菌の繁殖を抑えるなどの性質があります。対してアルカリ性の代表的な例は重曹。苦い味がする、ぬるぬるした感触をもつ、タンパク質を溶かすといった性質があります

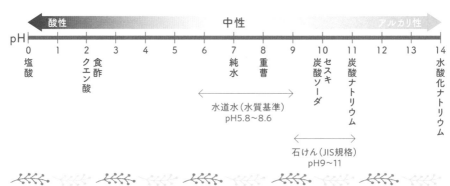

液体のアミノ酸系石けんには欠かせない！

アルギニン

医薬部外品表示名　L-アルギニン

ルーツ 塩基性アミノ酸類に分類されるアミノ酸。

　自然界においてタンパク質の構成成分として広く存在するアミノ酸です。アルギニンはタンパク質を構成するアミノ酸の中でもっともアルカリ性が強いことから、酸を中和するマイルドなpH調整剤として幅広く活用されています。アルギニンを反応させて生成した石けんはアミノ酸石けんと呼ばれます。アミノ酸石けんはpH領域が中性であることから、一般的な石けんと比べて刺激が少ないと謳われることがよくあります。保湿や毛髪修復の働きを期待され、効果を引き出す成分としてさまざまな化粧品に配合されることも多い成分です。

酸性に調整する代表的な成分

クエン酸

ルーツ デンプン類を発酵させて得られる成分。

　自然界では柑橘類などに含まれます。人の体のエネルギー代謝に欠かせない成分で、食品添加物にも用いられています。

収れん作用もある天然成分

コハク酸

ルーツ 2個のカルボキシ基をもつジカルボン酸。

　動植物界に広く含まれる有機酸で琥珀、貝類などに含まれます。ほかの酸や塩類と組み合わせてpH調整の目的で配合されます。

アルカリ剤の代表で石けんの必需成分！

水酸化Na

医薬部外品表示名　水酸化ナトリウム

ルーツ 塩を電気分解したもの。

　別名・苛性ソーダとも呼ばれる水に溶けやすい成分で、ステアリン酸やラウリン酸と結合させて石けんを合成するために用いられています。水酸化ナトリウムは水中で強アルカリ性を示すナトリウム化合物で、酸性の成分を中和させて弱酸性に調整する役割があります。洗顔料などの界面活性剤として使われることもあるほか、カルボマーなどの増粘剤と併用して増粘効果がアップします。強アルカリ性の特性として油やタンパク質を分解してしまうため、取り扱いに注意が必要であるとして劇物に指定されていますが、化粧品に単独で使われることはないので問題ありません。

pH調整剤

Column

酸化防止剤とpH調整剤はどう違う？

　酸化防止剤もpH調整剤も、化粧品のpHに関わる成分なので「どちらかひとつでもいいのでは？」と思ってしまうかもしれません。しかし2つの役割はまったく異なるものです。まず「酸化防止剤」は酸化による化粧品の変色や変臭、分離など化粧品の変質を防ぎ、皮膚へのダメージを防ぐもの。対して「pH調整剤」は製品のpHを安定・調整して効果を発揮できるように安定させるものです。両方とも化粧品には不可欠な成分なのです。

175

美容成分
③

化粧品の使い心地をアップする

香料

香りづけだけではない大切な役割も

成分がもつ「原料臭」をマスキングするため、香りによる演出で製品やブランドイメージを高めるため、化粧品には香料が配合されています。香料には天然香料（天然精油）と合成香料（フレグランスオイル）

の2つがあり、天然香料は自然の植物から抽出された香り、合成香料は精油をベースに化学的に合成された香りです。それぞれのメリットとデメリットも考慮して使い分けましょう。

※天然香料（精油）については202ページ～をご覧ください。

Column

天然香料と合成香料のメリットとデメリット

天然香料

メリット ●植物がもつ天然の香りには深みや奥行き、複雑な香りのハーモニーが楽しめる。●アロマテラピー（詳しくは202ページ）に使える。

デメリット ●同じ植物でも時期や産地、生育環境、抽出方法により品質や香りにバラつきが出る。●酸化しやすいものが多く、品質の維持や安定が難しい。

合成香料

メリット ●常に香りや品質が安定している。●自然界に存在しない成分で香りを創ることができる。●安価である。

デメリット ●人により人工的な香りと感じることも。●アロマテラピーには使えない。

食品にも使われるローズフレーバー

ゲラニオール

ルーツ 非環式モノテルペンアルコール。

バラのような花の香りを与える合成香料にはいくつかの種類がありますが、その中でゲラニオールは比較的穏やかで甘い香りがする成分です。皮膚に対する刺激が少なく、食品ではローズ系フレーバーの主体として、香り付けを目的にさまざまな製品に幅広く用いられています。また、医薬品でも清涼感をもたらしたり、溶解を補助する、香りをつけるなどを目的とした医薬品添加剤として眼科用剤、経皮剤などに配合されています。化粧品ではメイクアップ製品やバス製品、ヘアケア製品、スキンケア製品、洗浄剤などのほか、香水やオーデコロンの原料にもなっています。

爽やかなレモンの香り

シトラール

ルーツ 非環式モノテルペンアルデヒド。

シトラールは自然界ではレモングラス油、リセア・キュペバ油、ペルベナ油を始め多くの果実やスパイスにも存在する成分です。爽やかなレモンのような強い香りが特徴で、シトラスやスパイス調の調合香料として化粧品だけでなく洗浄剤、入浴剤に用いられています。食品においてはイチゴ、レモン、アップルなどの果実フレーバーとして香り付け目的で利用されています。シトラールは揮発性が高く、香りの持続性は低いものの最初に香り立つ爽やかな印象を与える柑橘様香気が特徴です。化粧品では各種のスキンケア製品や洗浄剤、バス製品など幅広く用いられています。

みずみずしいフローラル系の香り

ファルネソール

ルーツ 非環式セスキテルペンアルコール。

ファルネソールは自然界においてパルマローザ油、ネロリなどの精油に広く分布する成分です。ファルネソールは新鮮なグリーンの香りがあると同時にフローラル様の香りもあることから、フローラル系調合香料として幅広く用いられています。最初にシトラスやグリーン、ハーバルの香りがあり、次にフローラル系の香りがしますが、香りの持続性は高くありません。しかし、最初に香る新鮮な青葉のような印象のグリーンを思わせる香りが特徴的です。化粧品としては各種スキンケア製品、バス製品、シャンプーなど洗浄剤のほか、口紅などメイクアップ製品にも用いられています。

爽やかなオレンジを思わせる香り

リモネン

ルーツ 単環式モノテルペン。

リモネンは自然界においてオレンジ油、ミカン油、レモン油、ライム油をはじめとする植物精油の中に広く分布する成分です。弱いオレンジのような柑橘系の香りがあることから、シトラス系調合香料として利用されています。香りの揮発性が高いことから持続性は低いのですが、最初に鼻につく爽やかな印象の柑橘系を思わせる香りが特徴となっています。化粧品としては各種スキンケア製品、ボディソープや洗顔料などの洗浄剤、口紅などのメイクアップ製品、デオドラント製品、ネイル製品などさまざまな製品に使われています。

スズランのような可憐な香り

リナロール

ルーツ 非環式モノテルペンアルコール。

スズランの花のような香りで、フローラル系の調合香料として使用されます。食品では柑橘系フレーバーをつけるために使われます。

新鮮なバラを思わせる香りの香料

シトロネロール

ルーツ 非環式モノテルペンアルコール。

新鮮なバラのような香りがあり、フローラル系調合香料として用いられています。食品ではフルーツやハニーの着香目的で使われます。

製品に色をつけるための成分

着色料

化粧品のイメージを補強する「色」という要素

スキンケア化粧品は無色透明のものもありますが、色がついている製品もたくさんあります。色は製品やブランドのイメージを上げるとともに、使用する人の心理に影響を与え、満足度を上げてくれる効果もあり、見落とすことができません。スキンケア化粧品に色をつける着色料は「染料」といい、水や油に溶ける性質をもつ化学物質と天然色素の2種類があります。また、美容成分の中には成分自体に色がついているものもあり、それらが配合されている製品は着色料を使用しなくても成分特有の色がついている場合がほとんどです。

これらに対し、色そのものが中心的な機能となるファンデーションやアイシャドウなどのメイクアップ化粧品に使用されるのは水にも油にも溶けない粉体の「顔料」で、これらに関してはパート6（219ページ〜）で解説します。

「着色料」は有害？それは思い込みです

化粧品には「赤色●号」といった着色料の成分名が並んでいる製品が多くあります。化学物質は人体に有害なので、そうした成分がないものを選ぶべきという考え方があります。しかし、そもそも化粧品に配合されている成分は安全性が確認され、配合量の制限があるものばかり。さらに着色料は製品の0.001%以下といった微量でも十分色がつくため、ほとんどの製品が定められた量よりはるかに少ない量しか配合されていません。着色料でアレルギー反応を起こしたことがある、化粧品で肌荒れや赤くなるなどのトラブルの経験がたびたびあるというケース以外は、過度な心配は不要でしょう。

着色の効果がある美容成分

成分由来の色で着色の効果がある美容成分の例を紹介します。

オレンジがかった赤
アスタキサンチン（126、152ページ）

青
アズレン

オレンジ
ユビキノン（156ページ）

オレンジがかった赤〜黄
β-カロチン（179ページ）

カラメル

β-カロチン

ルーツ ブドウ糖、水あめなど糖類を加熱分解して得られる物体。

水に溶けるタイプの天然色素として使われる褐色から黒褐色の液体です。化学組成としては有機酸やエステル類など多数の成分から構成されています。化粧品に配合する場合は褐色に色付けするほか、ほかの着色剤と組み合わせて微妙な色彩を演出するなどさまざまな製品に広く配合されています。「合成色素不使用」という製品の色付けに利用されることも多い成分です。食品では醤油、飲料類、菓子類などに用いられ、医薬品添加剤としてコーティングなどにも使われています。化粧品ではスキンケア製品からボディ、ヘア、ハンド用と広範囲に使われています。コハク色の化粧品もカラメルが使われています。

ルーツ カロテノイド化合物。

β-カロチンはビタミンAの前駆物質（プロビタミンA）であり、ビタミンAであるレチノール（94ページ）と同じ働きをします。水やアルコールには溶けず、エーテル、油脂類に比較的溶ける性質があり、自然界では特にニンジンに多く存在するカロテノイド系天然色素です。黄色から橙色の着色に用いられる成分で、マーガリンや麺類、飲料、菓子類など食品に配合されるほか、医薬品添加剤としても用いられます。化粧品には着色剤の役割だけでなく、ビタミンAとして肌荒れやハリやうるおいをもたらすエイジングケア効果を期待されて配合されることも多い成分です。

着色料

天然色素にはない色を演出する法定色素

法定色素とは厚生労働省が定めた医薬品、医薬部外品、化粧品に使用することができる有機合成色素（タール色素）です。天然に存在する着色成分は種類や色が限られているため、用途に応じて数十万種類もの着色剤が合成されており、その中の83種類が医薬品、医薬部外品、化粧品への使用が認められています。体表的な法定色素は、右のとおりです。

黄色
黄203、黄4、黄5

青色
青1、青404

赤色
赤104(1)、赤201、赤202、赤218、赤220、赤226、赤227、赤228、赤230(1)、赤504

橙色
橙201、橙205

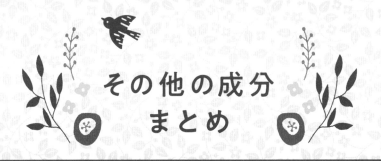

その他の成分 まとめ

品質を保つため、そして使い人の心理に影響を与えるため、
化粧品にはさまざまな成分が配合されています。
化学物質名が多いため敬遠されがちですが、どれも安心・安全に、
そして心地よく使うために欠かせない成分だということを理解し、
納得して使用しましょう。

「防腐剤」

化粧品を雑菌などによる劣化から守るために配合される成分です。

「増粘剤」

化粧品にとろりとした質感を与え、使い心地をよくするとともに皮膚への定着性をあげます。乳液やクリームなどの乳化を安定させます。

「キレート剤」

金属イオンによる劣化から化粧品の品質を守り、効果を保つために配合される成分です。

「酸化防止剤」

酸素に触れることで起きる酸化から、化粧品の品質低下と過酸化脂質による皮膚へのダメージを防ぎます。

「pH調整剤」

化粧品のpHを一定に保つことで化粧品が変質しないように保ちます。

「香料」

化粧品原料特有の臭いをマスキングするとともに、製品に心地よい香りを与えます。

「着色料」

化粧品に色をつけ、使用する人の心理に影響を与えて満足度を上げます。

Part 5

ナチュラル
成分

化学合成物質ではない、
植物など天然由来の化粧品配合成分、
それがナチュラル成分です。皮膚への刺激が少ないなど
優しいイメージで注目を浴びています。
どのような種類があるのか、詳しく説明しましょう。

植物・鉱物・動物 からの 美容成分

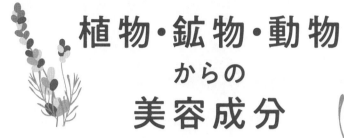

化粧品に配合される成分は化学物質だけではなく、
自然由来のものがたくさんあります。
優しいイメージのものから石油を含む鉱物系まで、
さまざまな種類を説明します。

自然由来ならではの優しいイメージ

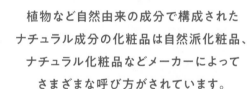

新しいブランドが続々登場するなど、
ここ数年でナチュラル成分の化粧品に注目が集まっています。
化学的に合成された成分が入っていない、
植物など自然由来の成分で構成された
ナチュラル成分の化粧品は自然派化粧品、
ナチュラル化粧品などメーカーによって
さまざまな呼び方がされています。
いずれも皮膚にダメージを与えることなく穏やかに
ケアをしてくれるというイメージで語られることが多いのですが、
その反面定義が曖昧だという点もあるのが実態です。
ナチュラル成分の中には
古くから民間薬として用いられてきたなど、
長い歴史をもつ成分も多く、
信頼性が高いものもたくさんあります。

ナチュラル
成分の種類

ナチュラル成分は大きく3つの
ジャンルに分類することができます

植物由来成分

ナチュラル化粧品にもっとも多く使われているのが植物由来成分。植物から抽出したエキス、蒸留精製物である精油の2つに大別できる。

鉱物由来成分

塩や温泉水から金、プラチナまでさまざまな鉱物が化粧品成分として用いられている。

動物由来成分

豚や馬の胎盤エキスであるプラセンタや牛乳タンパクのカゼインなどは、ナチュラル化粧品以外にも多く含まれる。

ナチュラル化粧品とオーガニック化粧品

「皮膚に対する優しさ」や「健康・環境」への関心が高まるに伴い、注目を集めているのが「オーガニック化粧品」です。

　オーガニックとは農薬や化学肥料、遺伝子組み換えなどに頼ることなく土壌の力や自然の恵みを活かした農法、栽培方法、加工方法などを指します。オーガニック化粧品については世界各国でさまざまな認証機関が厳しい基準を設けています。認証を得るため努力を重ねるメーカーもあれば、独自基準で製品をつくるメーカーもあり、個性豊かです。

　オーガニック化粧品はメーカーのこだわり、フィロソフィー（哲学）に共感して選び、使うことで、より深く楽しむことができる化粧品だといえます。

Column

「ナチュラル化粧品は皮膚に優しい」
これ、100%正しいとはいえません

　植物成分をはじめとするナチュラル成分が配合されている化粧品は「ナチュラル化粧品」「自然派コスメ」などと呼ばれて人気を集めています。しかし、猛毒をもつ植物があるように、天然成分だから必ずしも人に優しいというわけではありません。皮膚によいとされる成分でも微量ながらアレルギー物質が存在する場合もあります。市販されている化粧品は厚生労働省の安全基準をクリアしたものですが、アレルギーがある場合はたとえナチュラル化粧品でも肌荒れなどの反応が出ることもあります。単純に合成＝危険、自然＝安全と思い込むのではなく、自分の皮膚にあった製品を選ぶように心がけましょう。

オーガニック化粧品のメインキャスト

植物由来成分

民間薬として使われてきた歴史ある成分

　外敵から身を守るため、あるいは虫たちを引き寄せるため、植物はさまざまな成分をもっています。人間に役立つ薬効をもつ植物も多く、西洋ではメディカルハーブ、東洋では和漢生薬など民間薬として使われてきた長い歴史があります。

　ナチュラル化粧品、オーガニック化粧品の中心的な美容成分はこうした昔から民間薬としてなじみのある植物が使われてきました。代表例として、日本におけるコメヌカやハトムギ、ヨーロッパやエジプトにおけるラベンダーやカミツレなどです。植物の種類や、エキスの抽出部位、あるいは抽出方法などの研究が重ねられ、効果の高い美容成分が次々と誕生しています。

植物由来成分の種類

植物由来成分には
「植物エキス」と「精油」の2種類があります。

植物エキス

植物を水、アルコールや油脂類に浸漬して得られたエキス。世界各国で民間薬として用いられてきた成分も多数ある。

精　油

多くの場合、植物の中の「分泌腺」という部分でつくられ油脂類として蓄えられているもの。花、葉、果皮、果実、根茎など香りを放つ部位に蓄えられている。蒸留などによって得られ、エッセンシャルオイルとも呼ばれる。

● 植物由来成分ページの読み方 ●

植物エキス、精油の成分の抽出部位は
以下のアイコンで示しています。

 …木 　　 …果実

 …花 　　 …根

 …葉 　　 …根茎

 …全草 　 …種子

 …茎 　　 …樹皮

 …葉茎 　 …その他
（細胞、胚芽、球果、樹脂など）

植物がもつ薬効を
抽出

植物エキス

民間薬として古くから大活躍！

植物を水やアルコール、BGなどのいずれか、もしくはそれらを混ぜたものなどの水性溶媒や油脂類を溶媒として抽出した溶液、またはその乾燥物を植物エキス（植物抽出物）といいます。

植物は同じ種類でも葉、花、茎、根、果実などの部位によって含まれる成分が異なります。そのため、植物エキスも抽出部位や抽出方法により期待できる効果が変わってきます。また、複数の有用成分をもつ植物もたくさんあります。植物エキスの中には化学式で示される化学成分が含まれており、有用な成分もあればアレルギー反応を起こす成分が含まれることもあります。化粧品に配合される際は安全性と有用性を考えて抽出、精製されています。使用する際は信頼できる製品を選ぶようにしましょう。

※植物エキスの五十音順で紹介しています

食用やお茶にも使われる薬草	ビタミンCがたっぷりの赤い果実

アシタバ葉 / 茎エキス

医薬部外品表示名	アシタバエキス
主な含有成分	フラボノイド

セリ科植物アシタバの葉・茎より抽出されたエキスで八丈島や伊豆諸島などで栽培され、古くから食用、健康茶として用いられており、高血圧、疲労に有効とされてきました。化粧品には皮膚を柔らかくして保湿する、血管を広げて血行を促す、皮膚細胞の機能を高めて健康な皮膚を取り戻すことを目的に、スキンケア製品のほか洗浄剤にも配合されています。

主な作用

`保湿` `肌質改善` `皮膚活性` `血行促進`

アセロラ果実エキス

主な含有成分	ビタミンC, 有機酸

中南米原産キントラノオ科植物アセロラの果実から抽出されたエキスです。ビタミン類、ポリフェノール、有機酸類を多く含みます。中でもビタミンCの含有量が多いのが特徴で、美白や収れん、皮膚柔軟などの効果が期待され、多くの化粧品に配合されています。食用としても飲料、ゼリー、キャンディなど幅広く使われています。

主な作用

`美白` `収れん` `角質柔軟`

粘性のあるエキスが皮膚を守る

アルテア根エキス

医薬部外品表示名	アルテアエキス
主な含有成分	多糖類

　アオイ科植物ビロウドアオイの根または茎から抽出されたエキスです。多糖類を含んだ粘液質をもち、保湿効果が高いのが特徴。マイルドな引き締め効果もあるため、皮膚のキメを整える化粧品に配合されます。

主な作用
`保湿` `収れん`

肌トラブル回避の救世主

アルニカ花エキス

医薬部外品表示名	アルニカエキス
主な含有成分	フラボノイド

　キク科植物アルニカの花から抽出されたエキスです。消炎、鎮静、血行促進の効果があり、肌荒れやニキビなどのトラブル予防を目的とした化粧品に配合されます。欧米では筋肉痛や捻挫などに使用する軟こうや湿布をはじめとする家庭用医薬品に用いられています。

主な作用
`保湿` `肌質改善` `鎮静` `血行促進`

葉だけでなく液汁も使われる万能薬

アロエベラ葉エキス

医薬部外品表示名	アロエエキス(1)、(2)、(9)、
主な含有成分	多糖類、アロエエモジン

　ユリ科植物キダチアロエまたはアロエベラから得られる植物エキスは、葉から抽出したアロエベラ葉エキスと、葉からアロインを除去して得られた液汁を用いるアロエベラ液汁の2つがあります。皮膚柔軟、保湿、色素沈着など幅広い効果があります。

主な作用
`保湿` `肌質改善`

春を告げるアジアの薬草

イタドリ根エキス

医薬部外品表示名	イタドリエキス
主な含有成分	フラボノイド

　タデ科植物イタドリの根茎から抽出されたエキスです。日本、朝鮮半島、台湾、中国などに自生し、春先の新芽・若芽が山菜として食されます。収れん、保湿効果にすぐれるほか色素沈着を抑える作用も期待されます。清熱解毒の漢方薬としても用いられています。

主な作用
`保湿` `収れん`

高い抗酸化力でサプリメントにも

イチョウ葉エキス

医薬部外品表示名	イチョウエキス
主な含有成分	フラボノイド(ケルセチン)

　イチョウ科植物イチョウの葉から抽出されたエキスです。抗酸化作用のあるフラボノイドを含み、消炎効果をはじめ皮膚活性、血管拡張などさまざまな効果を目的に多くの化粧品に配合されています。また、サプリメントや健康食品にも用いられる成分です。

主な作用
`肌質改善` `抗酸化` `血行促進` `育毛`

エイジングケアにも期待!

イリス根エキス

主な含有成分	フラボノイド

　アヤメ科植物シロバナイリスの根茎から抽出されたエキスです。消炎、保湿のほかキメを整える効果も期待されます。抗酸化成分フラボノイドや女性ホルモン様物質イソフラボンも含まれるため、エイジングケアにも使えると注目されています。

主な作用
`保湿` `肌質改善` `抗酸化` `女性ホルモン様作用`

スパイス、生薬としても大活躍

ウコン根茎エキス

医薬部外品表示名	ウコンエキス
主な含有成分	クルクミン

　ショウガ科植物ウコンの根茎から抽出されたエキスです。エキスの抽出方法により効果が異なりますが、クルクミンを含むエキスは消炎効果があり、肌荒れ防止の化粧品に配合されます。香辛料のターメリックの原料としても活用されています。

主な作用
`肌質改善` `抗菌`

肌荒れの民間療法にも重用

エーデルワイスエキス

主な含有成分	タンニン、フラボノイド

　キク科植物エーデルワイスから抽出されたエキスです。セイヨウウスユキソウとも呼ばれ、過酷な気候で生存するため自己保護物質を産生する特徴があります。伝統的に抗炎症薬として民間療法に用いられてきました。日焼けによる抗炎症作用にすぐれます。

主な作用
`肌質改善` `収れん` `血行促進`

抗アレルギー作用もある生薬

オウゴン根エキス

医薬部外品表示名	オウゴンエキス
主な含有成分	フラボノイド

　シソ科植物オウレンの根茎から抽出されたエキスです。消炎、抗菌作用があるため、肌荒れを防ぎ水分保持力の高い健康的な肌へ整えます。生薬として胆汁の分泌を促し、むくみを抑える、消炎を抑える効果があるため、多くの漢方薬に処方されています。

主な作用
`保湿` `肌質改善`

抗酸化作用が高く美白にも

ウワウルシ葉エキス

主な含有成分	アルブチン、エラグ酸、タンニン

　ツツジ科植物ウワウルシ、別名クマコケモモの葉から抽出されたエキスです。抗酸化作用が高いほか美白の効果も期待できるため、スキンケア製品からボディケア、デオドラント製品まで幅広い化粧品に使われています。メディカルハーブとしても活用されます。

主な作用
`美白` `収れん`

イキイキとした肌に

エゾウコギ根エキス

主な含有成分	タンニン、配糖体、ビタミンA

　ウコギ科植物エゾウコギの根から抽出されたエキスです。収れん、皮膚細胞の活性効果があるためキメの整った肌やエイジングに負けない肌を目指す化粧品に配合されます。生薬としては強壮・疲労回復の効果を目的とした薬用酒にも使われています。

主な作用
`収れん`

ニキビケアにも有効

オウレン根エキス

医薬部外品表示名	オウレンエキス
主な含有成分	ベルベリン

　キンポウゲ科植物オウレンの根茎から抽出されたエキスです。消炎・抗菌効果があるため、皮膚を清潔に保ち、肌荒れを防ぐ化粧品の配合に適しています。特にニキビを防ぐ目的で洗顔料や化粧水への配合に向いています。

主な作用
`肌質改善` `収れん`

皮膚にうるおいを与え健やかに

オオムギエキス

別　称	オオムギ発酵エキスなど
主な含有成分	糖類、アミノ酸

　イネ科植物オオムギの全草または種子の発酵液などから抽出されたエキスです。保湿効果があるため皮膚を乾燥から守り、うるおいを持続する目的で、ほかの保湿成分と組み合わせて配合されています。食品や飲料、サプリメントにも幅広く用いられています。

主な作用
保湿　皮膚活性

「不老長寿の妙薬」として有名

オタネニンジン根エキス

医薬部外品表示名	ニンジンエキス
主な含有成分	サポニン

　ウコギ科植物オタネニンジンの根から抽出・精製されたエキスです。原産は中国東北部にある吉林省で、日本には奈良時代に献上品として初めて伝わってきました。江戸時代には非常に高価なことから国内での栽培が奨励され、現在では長野県や福島県、島根県などで栽培されています。別称「朝鮮人参」「高麗人参」のほうが知られており、古くから不老長寿の妙薬として漢方薬・民間薬として普及されていました。現在でも疲労回復・滋養強壮剤のサプリメントや栄養ドリンクに用いられています。化粧品としては肌機能活性、消炎、収れん、血行促進、コラーゲン産生促進などさまざまな効果が期待できるとされ、スキンケア製品から洗浄剤、メイクアップ製品まで幅広く使われています。また、毛乳頭細胞などの増殖を促進するとして、育毛効果が期待されるため、育毛剤を始めとするヘアケア製品や頭皮ケア製品にも配合されています。

主な作用
肌質改善　収れん　細胞新生
コラーゲン合成促進

皮膚を活性化させてしっとり肌に

オクラ果実エキス

医薬部外品表示名	オクラエキス
主な含有成分	多糖類、ビタミン類

　アオイ科植物オクラの実または種子から抽出されたエキスです。保湿、皮膚機能活性の効果が期待されるため、乾燥から皮膚を守り、うるおいを持続させる目的の化粧品に配合されます。他の保湿成分と組み合わせて使われています。

主な作用
保湿　皮膚活性

エイジングケアにも効果

オトギリソウ花/葉/茎エキス

医薬部外品表示名	オトギリソウエキス
主な含有成分	フラボノイド

　オトギリソウ科植物オトギリソウまたはセイヨウオトギリソウの花、葉、茎から抽出されたエキスです。皮膚細胞の活性、収れん、消炎などの効果があり、肌荒れ対策やエイジングケアを目的とした化粧品に配合されます。ヘアケア製品にも使われます。

主な作用
肌質改善　収れん　皮膚活性　抗酸化

長い歴史をもつ植物エキス

オリーブ葉エキス

主な含有成分	オレウロペイン

　モクセイ科植物オリーブは果実からオリーブ油（オリーブ果実油）が得られますが、葉からはテルペノイドやフラボノイドを含むエキスが得られます。抗菌、消炎作用があり、肌荒れに負けな皮膚、毛髪を維持する製品への配合が適しています。葉を用いたオリーブ茶もあります。

主な作用
肌質改善　抗菌　血行促進　育毛

爽やかな香りの果実エキス

オレンジ果実エキス

医薬部外品表示名	オレンジエキス
主な含有成分	有機酸

　ミカン科植物オレンジの果実を圧搾・ろ過して得られた果汁を濃縮・精製して得られた成分です。収れん、保湿の効果にすぐれるだけでなく皮膚を柔らかにする作用もあり、キメを整える、皮膚を滑らかに保つ化粧品に幅広く利用されます。

主な作用

`保湿` `収れん` `血行促進`

喉の薬用酒としても有名

カリンエキス

主な含有成分	リンゴ酸、クエン酸、糖類

　バラ科植物カリンの果実から抽出されたエキスです。保湿、収れん効果にすぐれ、皮膚にうるおいを与えつつキメを整えたり肌荒れを防いだりする目的で化粧品に配合されます。喉の痛みに対する民間薬の砂糖漬けや薬用酒としても使われます。

主な作用

`保湿` `収れん`

抗菌作用で皮膚を清潔に保つ

カワラヨモギ花エキス

医薬部外品表示名	カワラヨモギエキス
主な含有成分	タンニン

　キク科植物カワラヨモギの頭花から抽出されたエキスです。日本においては主に河原や海岸に自生しています。消炎、抗菌効果があるため皮膚を清潔に保って肌荒れを防ぐ化粧品に配合されています。またフケ・かゆみを防ぐヘアケア製品にも適した成分です。

主な作用

`肌質改善` `抗菌`

肌を引き締めてキメを整える

カキ葉エキス

主な含有成分	タンニン、ケンフェロール類

　カキノキ科植物カキの葉より抽出されたエキスです。タンニンを多く含み、フラボノイドの一種であるケンフェロール類なども含んでいます。強い収れん作用があるため、肌を引き締めてキメを整える目的として配合されています。保湿や消炎の効果もある成分です。

主な作用

`保湿` `肌質改善` `収れん`

紀元前から心身を癒す民間薬

カミツレ花エキス

医薬部外品表示名	カミツレエキス(1)、(2)
主な含有成分	カマズレン、フラボノイド

　キク科植物ジャーマンカモミール、和名カミツレの花から抽出されたエキスです。ジャーマンカモミールはヨーロッパを原産とし、紀元1世紀頃にはハーブ療法として用いられ、中世には消化器系の不調などの緩和や睡眠を促す効果が記され、乳児から大人まで幅広い年齢層で心身の不調を緩和・改善するハーブとして用いられていた歴史があります。現在でもヨーロッパの代表的なメディカルハーブとして認知されています。化粧品としては肌荒れの改善や紫外線防御作用が知られており、スキンケア製品からボディ・ハンド用製品、メイクアップ製品、バス製品などに幅広く配合されています。カミツレ花エキスは単独で配合されるだけでなく、他の植物エキスとあらかじめ混合された複合原料があります。たとえば「ファルコレックスBX44」という化粧品原料は、ヤグルマギク花エキス、トウキンセンカ花エキスなどとともに配合され、効果を期待されています。

主な作用

`保湿` `美白` `肌質改善`

グリチルリチン酸を含む植物エキス

カンゾウ根エキス

| 医薬部外品表示名 | カンゾウエキス、カンゾウ抽出液 など |
| 主な含有成分 | グリチルリチン、グラブリジン |

　マメ科植物カンゾウ（甘草）の根または茎から抽出されたエキスです。グリチルリチン酸を豊富に含んでいるのが特徴で、ほかにはフラボノイドも含んでいます。強力な消炎効果があり、肌荒れやニキビの予防・悪化を防ぐ目的の化粧品に多く配合されています。

主な作用
美白　肌質改善

ビタミンCを豊富に含み美容効果大

キイチゴエキス

| 主な含有成分 | ビタミンC、有機酸、糖類 |

　バラ科植物ヨーロッパキイチゴの果実から抽出されたエキスで、別称はラズベリーです。ビタミンCを豊富に含んでいるため、保湿、美白の効果が期待されます。抗アレルギー作用があるため、肌荒れの予防や改善を目的とした化粧品にも配合されています。

主な作用
保湿　美白

皮膚を柔らかく整える

キウイエキス

| 主な含有成分 | ビタミンC、有機酸、タンニン |

　マタタビ科植物キウイフルーツの果実から抽出されたエキスです。糖類の含有量が多く有機酸、タンパク質分解酵素などを含むことからさっぱりした清涼感と皮膚を柔軟にする保湿効果や角質柔軟効果を目的として、多様な化粧品に配合されています。

主な作用
美白　収れん　角質柔軟　抗酸化

皮膚を清潔に保ち引き締める

キハダ樹皮エキス

| 医薬部外品表示名 | オウバクエキス |
| 主な含有成分 | ベルベリン、フラボノイド |

　ミカン科植物キハダのコルク質の周皮を除いた樹皮から抽出されたエキスです。生薬名オウバクとして健胃・消炎作用を目的とした胃腸炎の漢方薬として用いられています。化粧品としては肌荒れ防止、引き締め作用を期待して収れん化粧水に配合されます。

主な作用
肌質改善　収れん

しっとり肌を目指す成分

グアバ葉エキス

| 主な含有成分 | タンニン　サポニン |

　アメリカ原産フトモモ科グアバの葉から抽出されたエキスです。グアバ葉ポリフェノールという特有のポリフェノールを多く含み、血糖値コントロールにも使われます。保湿効果が高いためクリーム、乳液、美容液などに多く配合されています。

主な作用
保湿　収れん

漢方薬としても有効

クチナシ果実エキス

| 医薬部外品表示名 | クチナシエキス |
| 主な含有成分 | イリドイト配糖体、クロシン |

　アカネ科植物クチナシの果実から抽出されたエキスです。化粧品としては消炎、鎮静、保湿効果が期待され、乾燥対策の製品に幅広く配合されています。漢方薬としても多く用いられる植物で、打撲、捻挫の外用薬のほか、のぼせ、不眠の内用薬にも使われます。

主な作用
保湿　肌質改善　鎮静

すぐれた抗菌作用で皮膚を守る

クマザサ葉エキス

医薬部外品表示名	クマザサエキス
主な含有成分	フラボノイド、有機酸

　イネ科植物クマザサの葉から抽出されたエキスです。抗菌作用が高く食品の保存性を高めるとして笹団子やちまきなどに用いられています。消炎、抗菌作用があるため肌荒れを防ぐ化粧品に配合されます。また、フケ・かゆみを防ぐヘアケア製品にも用いられます。

主な作用

`肌質改善` `抗菌`

引き締め効果でボディ用にも

クレマティス葉エキス

主な含有成分	糖類、タンニン

　キンポウゲ科センニンソウ属の植物の葉から抽出したエキスです。保湿効果、収れん効果があるため、キメを整えて乾燥から皮膚を守る目的で化粧品に配合されます。血液の循環をよくする効果があるため、ボディ用化粧品に配合されることも多い植物です。

主な作用

`保湿` `収れん`

生理活性作用にすぐれた植物

ゲンチアナ根エキス

医薬部外品表示名	ゲンチアナエキス
主な含有成分	苦味配糖体

　リンドウ科植物ゲンチアナの根から抽出されたエキスです。苦味のあるセコイリドイド配糖体をはじめとする生理活性作用のある成分を多く含みます。ゲンチアナ根茎/根エキスと同じ効果をもちます。血行促進作用があり、エイジングケアの化粧品に配合されています。

主な作用

`肌質改善` `血行促進` `育毛`

柑橘系の香りによる効果も

グレープフルーツ果実エキス

医薬部外品表示名	グレープフルーツエキス
主な含有成分	ビタミンC、有機酸

　主に中国、アメリカなどで栽培されるミカン科植物グレープフルーツの果実から抽出されたエキスです。糖類の含有量が高いため皮膚を柔軟にする保湿効果を目的に幅広い化粧品に配合されます。また、収れん効果もあるため、キメを整える効果も期待されます。

主な作用

`保湿` `収れん`

細胞を活性化させてエイジングケアに

クロレラエキス

主な含有成分	β-カロチン、アミノ酸

　クロレラ科淡水性単細胞緑藻クロレラ・ブルガリスから抽出されたエキスです。皮膚を柔軟にして角質の水分量を増やすことで保湿の作用があるほか、細胞を活性化させる作用があり乾燥やエイジング対策の化粧品に使われています。また、育毛剤にも使われます。

主な作用

`保湿` `皮膚活性`

民間薬として古くから活用

ゲンノショウコ花/葉/茎エキス

医薬部外品表示名	ゲンノショウコエキス
主な含有成分	タンニン

　フウロソウ科植物ゲンノショウコの花、葉、茎から抽出されたエキスです。日本の代表的な民間薬のひとつで、健胃・整腸・止瀉を目的に使われます。化粧品としては収れん効果や制汗効果を期待してさまざまな製品に配合されています。

主な作用

`肌質改善` `収れん` `鎮静`

コーヒー種子エキス

医薬部外品表示名	コーヒーエキス
主な含有成分	カフェイン、タンニン

　アカネ科植物コーヒーノキの種子から抽出されたエキスです。クロロゲン酸、カフェインなどを含み抗酸化作用が高く、収れん、保湿の効果もあり多様な製品に配合されます。紫外線防御作用や色素沈着の抑制作用もあるため、メイクアップ製品にも配合されます。

主な作用

(保湿) (収れん)

コムギ胚芽油

皮膚を柔らかく・滑らかに整える

主な含有成分	ビタミンE、フィトステリン、レシチン、糖類

　イネ科植物コムギの胚芽から得られる脂肪油です。不飽和脂肪酸であるリノール酸、オレイン酸を主成分とし、皮膚の水分蒸発を抑えて柔軟性や滑らかさを高める効果があります。スキンケア製品のほかメイクアップ製品、ヘアケア製品、ネイル製品に使用されます。

主な作用

(保湿) (肌質改善) (角質柔軟) (血行促進) (育毛)

サンザシエキス

メラニン色素の生成を抑える

主な含有成分	ビタミンC、フラボノイド

　中国を原産とするバラ科植物サンザシの果実から抽出されたエキスです。日本には薬用樹木として伝わりました。皮膚を柔らかくして保湿させる効果やメラニン色素の生成を抑えて色素沈着を防ぐ効果があります。スキンケア製品のほかヘアケア製品にも配合されます。

主な作用

(保湿) (美白) (収れん)

サフランエキス

希少性のある高価な成分

医薬部外品表示名	サンショウエキス
主な含有成分	カロチノイド配糖体（クロシン）

　アヤメ科植物サフランの花柱枝、柱頭から抽出されたエキスです。ひとつの花に3つしか付いていないめしべが原料で、1グラムのサフランを得るためには約150本の花が必要とされます。皮膚細胞の活性化が期待され、エイジングケア化粧品に使われます。

主な作用

(肌質改善) (血行促進) (消炎)

アカヤジオウ根エキス

皮膚細胞を活性化

通称：ジオウ

医薬部外品表示名	ジオウエキス
主な含有成分	イリドイド配糖体、糖類

　ゴマノハグサ科植物アカヤジオウの根から抽出されたエキスで、「ジオウ根エキス」と同様の成分組成です。化粧品には血行促進作用皮膚細胞の活性化効果を期待されて配合されることが多く、抗脱毛作用を期待してヘアケア剤にも配合されます。

主な作用

(保湿) (肌質改善)

シソ葉エキス

バリア機能を改善して皮膚を健康に

医薬部外品表示名	シソエキス（1）、（2）
主な含有成分	リモネン

　シソ科植物シソの葉から抽出されたエキスです。日本では古来より薬味として使われますが、漢方分野では解熱、健胃、食中毒の解毒などを目的に用いられています。化粧品には抗アレルギー、バリア機能改善、色素沈着抑制を期待され配合されています。

主な作用

(肌質改善) (収れん)

シャクヤク根エキス

美白効果で注目

医薬部外品表示名	シャクヤクエキス
主な含有成分	ペオニフロリン、テルペンなどの精油

　ボタン科植物シャクヤクの根から抽出されたエキスです。色素沈着を抑える、抗老化作用、肌荒れ改善などさまざまな効果があるとされますが、中でも美白効果は近年注目されています。漢方分野では婦人科系トラブルに用いられています。

主な作用
美白　肌質改善　収れん

ショウガ根茎エキス

血行をよくしてエンジングケアにも

医薬部外品表示名	ショウキョウチンキ、ショウキョウエキス
主な含有成分	ジンゲロール、ショウガオール

　ショウガ科植物ショウガの根茎から抽出されたエキスです。血行促進の効果があり、くすみを防止する化粧品に配合されるほか、皮膚細胞の活性化によりエイジングケア対策としても使われます。育毛剤やヘアトニックなどにも配合されています。

主な作用
皮膚活性　血行促進

ショウブ根茎エキス

抗菌力でニキビをブロック

医薬部外品表示名	ショウブ根エキス
主な含有成分	アサロンオオイゲノールなどの精油

　サトイモ科植物ショウブの根から抽出されたエキスです。葉茎に強い芳香をもち、葉が剣状であることから魔よけとして使われてきました。抗アレルギー作用や色素沈着抑制作用があるほか、抗菌作用でニキビや肌荒れを防ぐ化粧品に配合されます。

主な作用
抗菌

ヨーロッパシラカバ樹皮エキス
通称：シラカバ

ヨーロッパの民間薬として有名

医薬部外品表示名	シラカバエキス など
主な含有成分	タンニン、サポニン、ビタミンC

　カバノキ科植物ヨーロッパシラカバの樹皮から抽出されたエキスです。ヨーロッパでは古くから体内浄化作用をもつ利尿剤として用いられていました。化粧品としては保湿や消炎、収れんなど多くの効果があるとされ、多目的に幅広く使われています。

主な作用
保湿　肌質改善　収れん　血行促進　抗菌

スイカズラ花エキス

さまざまな効果で多くの化粧品に配合

医薬部外品表示名	スイカズラエキス
主な含有成分	フラボノイド、サポニン

　スイカズラ科植物スイカズラの花蕾から抽出されたエキスです。花を浸してつくる「忍冬酒」が不老長寿の妙酒として知られています。化粧品としては消炎、収れん、保湿の効果により肌荒れを防ぐ化粧品に配合されます。また、バリアを改善する作用も期待されます。

主な作用
保湿　肌質改善　収れん

スイゼンジノリ多糖体

高い保湿能力で注目

別称	サクラン
主な含有成分	多糖体

　アファノテーケ科藍藻スイゼンジノリから得られた硫酸化複合多糖体かつ微生物系水溶性高分子です。清澄な湧き水に生育する希少な藻で絶滅危惧種に指定されています。ヒアルロン酸の数十倍といわれる保水性をもち、高いバリア機能をもちます。

主な作用
保湿　角質柔軟

ストレスからくる肌トラブルを緩和

セイヨウアカマツ球果エキス

医薬部外品表示名	マツエキス
主な含有成分	多糖類、アミノ酸類

　マツ科植物セイヨウアカマツの球果、つまり松ぼっくりから抽出されたエキスです。保湿効果や皮膚細胞活性効果があるため保湿を目的とする化粧品に配合されます。また、ストレスを緩和する作用もあり、心因性の肌トラブルを緩和するとされます。

主な作用

肌質改善　皮膚活性

炎症を抑える「万能の薬箱」

セイヨウニワトコ花エキス

医薬部外品表示名	セイヨウニワトコエキス
主な含有成分	フラボノイド、タンニン、糖類

　スイカズラ科植物セイヨウニワトコの花から抽出されたエキスです。古代ローマでは果実、中世ヨーロッパでは根と古くから民間薬として使われ「万能の薬箱」と呼ばれました。化粧品としては紫外線による炎症を抑える作用があるほか収れん、柔軟作用も期待されます。

主な作用

肌質改善　収れん　角質柔軟

観賞だけでなく薬用としても重要

セージ葉エキス

医薬部外品表示名	セージエキス
主な含有成分	フラボノイド、タンニン

　シソ科植物サルビアの葉から抽出されたエキスです。食用、メディカルハーブとしても使われ、口内炎や喉の腫れなどに用いられています。血行促進を始め多様な効果があり、加齢やストレスによるトラブルから皮膚を守る化粧品に適しています。

主な作用

肌質改善　抗菌　血行促進　抗酸化

ニキビ・肌荒れの改善に

セイヨウキズタ葉/茎エキス

医薬部外品表示名	セイヨウキズタエキス
主な含有成分	ルチン、サポニン

　ウコギ科植物セウヨウキズタの葉・茎から抽出されたエキスです。化粧品に配合される場合は、抗炎症作用、抗菌作用、皮膚柔軟による保湿作用、血管拡張によるむくみ改善作用が期待されます。ニキビや肌荒れ改善の製品に配合されます。

主な作用

肌質改善　保湿

清涼感とともに皮膚を清浄に

セイヨウハッカ葉エキス

医薬部外品表示名	セイヨウハッカエキス
主な含有成分	メントール、タンニン

　シソ科植物セイヨウハッカの葉から抽出されたエキスです。メディカルハーブの分野ではハーブティーや軟こう、トローチに使われます。化粧品では抗酸化、収れん、抗菌、鎮静作用があり、肌を清浄にしてキメを整える目的の製品に使われます。

主な作用

収れん　抗菌　鎮静　清涼感

抗酸化成分として注目

チャ葉エキス

医薬部外品表示名	チャエキス、紅茶エキス など
主な含有成分	カテキン、テアニン、アミノ酸

　ツバキ科植物チャの葉から抽出されたエキスです。同じ葉で発酵度の違いからチャエキス、ウーロン茶エキス、紅茶エキスに分類されます。抗酸化、色素沈着抑制の作用でエイジングケア化粧品に使われるほか、加齢臭抑制効果でデオドラント製品にも用いられます。

主な作用

肌質改善　収れん　抗酸化

香辛料だけでなく美容成分としても

チョウジエキス

主な含有成分	タンニン、フェノール類

フトモモ科植物チョウジノキの花蕾から抽出されたエキスです。別称クローブと呼ばれ、世界四大香辛料の一つとされます。抗酸化、抗アレルギー、抗老化などの作用を目的に化粧品に配合されるほか、抗脱毛作用を期待して育毛剤やヘアケア剤にも使われます。

主な作用
抗菌　抗酸化

血行をよくしてくすみの改善に

トウキ根エキス

医薬部外品表示名	トウキエキス（1）、（2）
主な含有成分	アミノ酸、アンジェル酸

セリ科植物トウキの根から抽出されたエキスです。もとは中国原産の植物ですが、日本にも自生しており、生薬として用いられています。消炎効果や血行促進効果、保湿効果があり、肌荒れの予防、くすみ対策などを目的とした化粧品に配合されています。

主な作用
保湿　肌質改善　血行促進

酸化防止でエイジングケアにも

トマト果実エキス

医薬部外品表示名	トマトエキス
主な含有成分	ビタミン類、有機酸、リコピン

ナス科植物トマトの果実から抽出されたエキスです。糖質、アスコルビン酸、有機酸といった水溶性成分、カロテノイドという油溶性成分を併せもち、皮膚の酸化防止や皮膚細胞の活性化が期待され、エイジングケア化粧品に使われています。

主な作用
保湿　肌質改善　収れん

シカ（CICA）として人気

ツボクサエキス

別称	シカ、CICA
主な含有成分	テルペノイド

セリ科植物ツボクサの葉および茎から抽出されたエキスです。ツボクサエキスという名前より、韓国コスメの「シカ（CICA）」という別称で知られ、爆発的な人気を呼びました。植物エキスとしての歴史は古く、インドの伝統医薬学であるアーユルヴェーダに用いられ、皮膚、神経、血液の代謝機能の改善および活性化に有用であると考えられています。また、タイでは皮膚の保持、疲労回復など、インドネシアではさまざまな病気の治療にとアジアの各国で伝統医療に用いられています。鎮静作用や抗老化作用、色素沈着抑制作用のほか、脂肪細胞を産生促進して唇の立体感や輪郭の改善を狙うなど、さまざまな効果を期待して化粧品に配合されています。鎮静効果・殺菌効果は代表的な効能で、ニキビや肌荒れなど皮膚のトラブルを予防する目的の化粧品にも使われます。ちなみに「シカ」という別称はツボクサエキスの学名「Centella Asiatica」が由来といわれています。

主な作用
抗菌　鎮静　皮膚活性　抗酸化

漢方薬としても有名

ナツメ果実エキス

医薬部外品表示名	タイソウエキス
主な含有成分	有機酸、糖類、サポニン

クロウメモドキ科植物ナツメの未成熟果実を乾燥させてから抽出されたエキスです。サイクリックAMPも含み、漢方薬名「タイソウ」としても知られています。皮膚機能の活性化、保湿効果があるためエイジングケア化粧品に配合されることが多くあります。

主な作用
保湿　皮膚活性

ニンニク根エキス

医薬部外品表示名	ニンニクエキス
主な含有成分	アリシン、スコルジニン

　ユリ科植物ニンニクの鱗茎から抽出されたエキスです。古代エジプト、ローマの時代から現在に至るまで滋養強壮剤として使われてきた歴史があります。皮膚細胞の活性化、血行促進の効果を目的に化粧品に配合されるほか、育毛目的でヘアケア剤にも配合されます。

主な作用
`抗菌` `皮膚活性` `血行促進` `育毛`

イボ取りの民間薬としても有名

ハトムギ種子エキス

医薬部外品表示名	ヨクイニンエキス
主な含有成分	コイクセノライド、糖類

　イネ科植物ハトムギの種子から抽出されたエキスです。ハトムギの果皮または種皮を除いた種子はヨクイニンと呼ばれる生薬としても使われており、医薬品の分野ではイボに対して効果が報告され、イボ取りの民間薬としても有名です。漢方の分野では関節痛や関節浮腫（むくみ）に、または抗腫瘍作用があることから胃腸系の腫瘍やポリープなどの解消を目的に使われています。ハトムギはノンカフェインで利尿作用があることから、美容に適したお茶としても飲用されるなど、幅広く活用される植物です。化粧品に配合される場合は保湿作用、抗アレルギー作用があるため肌荒れや皮膚のかゆみをケアする目的の化粧品に配合されるほか、細胞を活性化させて新陳代謝を促進するという効果も期待され、エイジングケアなど多くの化粧品に配合されます。また、体臭・頭皮臭を抑える作用もあるとされることから、ヘアケア製品、デオドラント製品にも幅広く使われています。

主な作用
`保湿` `肌質改善`

ハイビスカス花エキス

主な含有成分	多糖類、有機酸

　アオイ科植物ローゼル（ハイビスカス）の花から抽出されたエキスです。抗アレルギー作用や紫外線防御作用があるほか、消炎、保湿効果があるため、肌荒れを防ぐ化粧品や日焼け止め製品などさまざまな製品に幅広く使用されています。

主な作用
`保湿` `肌質改善`

ハマメリス葉エキス

医薬部外品表示名	ハマメリスエキス
主な含有成分	タンニン、サポニン

　マンサク科植物アメリカマンサクの葉から抽出されたエキスです。古くから切り傷などの外用薬で使われてきた歴史があり、現在でもドイツやフランスでスキンケアや外用薬として用いられています。収れん、抗炎症、抗酸化の作用を目的に化粧品に配合されています。

主な作用
`肌質改善` `収れん`

高い効果と美のイメージ

バラエキス

別　称	ダマスクバラ花エキス など
主な含有成分	モノテルペン、フラボノイド など

　バラ科植物セイヨウバラ、ダマスクバラなどの花から抽出されたエキスです。古くから美を象徴し、美しさを保つために使われてきた歴史があります。保湿や抗酸化作用が認められ、高級化粧品ブランドの多くで独自のバラを開発・栽培し、化粧品に配合しています。

主な作用
`保湿` `抗酸化`

苦味成分が皮膚にアプローチ

ヒキオコシ葉／茎エキス

医薬部外品表示名	ヒキオコシエキス(1)、(2)
主な含有成分	エンメイン

　シソ科植物ヒキオコシの葉、茎から抽出されたエキスです。民間医療では消化不良、食欲不振、腹痛などの改善目的で苦味健胃薬として用いられます。抗アレルギー作用、収れん、消炎、皮膚細胞を活性化するなどの作用を目的に化粧品に配合されます。

主な作用
(肌質改善) (収れん) (皮膚活性)

古くから民間療法で活躍

ビワ葉エキス

主な含有成分	ネロリドール、ファルネソール

　バラ科植物ビワの葉から抽出されたエキスです。湿疹やあせもの入浴剤、または炙って神経痛などの改善を目的にした温灸にと古くから民間療法に用いられています。化粧品では抗アレルギー、抗酸化、色素沈着抑制、エイジングなどを目的に配合されます。

主な作用
(肌質改善) (収れん)

むくみを改善してすっきり顔に

ブクリョウエキス

主な含有成分	トリテルペン、エルゴステロール

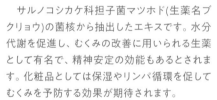

　サルノコシカケ科担子菌マツホド(生薬名ブクリョウ)の菌核から抽出したエキスです。水分代謝を促進し、むくみの改善に用いられる生薬として有名で、精神安定の効能もあるとされます。化粧品としては保湿やリンパ循環を促してむくみを予防する効果が期待されます。

主な作用
(保湿) (リンパ循環)

抗酸化・抗アレルギー作用

ブドウ葉エキス

主な含有成分	タンニン、糖類

　ブドウ科植物アカブドウ（ヨーロッパブドウ）の葉から抽出されたエキスです。抗アレルギー、抗酸化、収れん、消炎、保湿、血行促進など多くの効果があり、スキンケア製品からメイクアップ製品、育毛製品まで幅広く利用されます。ブドウ種子エキスもあります。

主な作用
(保湿) (肌質改善) (収れん) (血行促進)

風邪対策のハーブティーでも有名

フユボダイジュ花エキス

医薬部外品表示名	シナノキエキス
主な含有成分	フラボノイド

　シナノキ科植物フユボダイジュの花から抽出されたエキスです。ハーブ療法分野では昔から風邪症状を緩和するハーブティー（リンデンフラワーティー）として知られます。化粧品では消炎、鎮静作用があり、肌荒れの改善やキメを整える効果を期待されます。

主な作用
(肌質改善) (収れん) (鎮静)

コラーゲンを生成してシワ対策

ヨーロッパブナ芽エキス
(通称：ブナ)

医薬部外品表示名	ブナエキス
主な含有成分	タンニン、フラボノイド

　ブナ科植物ブナまたはヨーロッパブナの幼芽から抽出されたエキスです。コラーゲンの産生を促進する、保湿するなどの作用があり、皮膚を整えシワなどのアンチエイジング対策を目指す化粧品に配合されます。森林浴をイメージする製品にも利用されます。

主な作用
(保湿) (肌質改善) (収れん)

抗酸化・美白でエイジングケア化粧品に

ボタンエキス

主な含有成分	ペオニフロリン、アラントイン

　ボタン科植物ボタンの根皮から抽出された
エキスです。漢方分野では婦人科系疾患の緩
和に用いられてきました。消炎、血行促進、
抗酸化や美白の作用もあるとされるため、エ
イジングケア化粧品やヘアケア製品など幅広
い製品に活用されています。

主な作用

（抗菌） （皮膚活性） （血行促進） （抗酸化）

天然の界面活性剤で洗顔料に

ムクロジ果皮エキス

医薬部外品表示名	ムクロジエキス
主な含有成分	ムクロジサポニン

　ムクロジ科植物ムクロジの果皮から抽出さ
れたエキスです。天然の界面活性剤ムクロジ
サポニンを含み、洗浄、殺菌の効果がありま
す。そのためクレンジングや洗顔料に配合さ
れるほか、乳化を助ける目的で乳液やクリー
ムに配合されます。

主な作用

（抗菌） （皮膚活性） （洗浄） （殺菌）

レモンバームの別名でも有名

メリッサ葉エキス

医薬部外品表示名	メリッサエキス
主な含有成分	タンニン、シトラール

　シソ科植物コウスイハッカの葉から抽出さ
れたエキスです。レモンバームという別称で
知られる爽やかな芳香のハーブで、緊張緩和
などメンタルへの作用を目的に使われます。
化粧品では色素沈着、抗酸化のほか収れん、
鎮静の効果が期待されます。

主な作用

（肌質改善） （収れん） （鎮静）

女性ホルモン様作用がエイジングに

ホップエキス

主な含有成分	タンニン、フムロン

　クワ科植物ホップの雌花穂から抽出された
エキスです。収れん、殺菌、鎮静作用がある
ため脂性肌向けのスキンケア製品に使用され
ます。また女性ホルモンのエストラジオールと
同じ作用をもつとされ、エイジングケア製品に
も利用されています。

主な作用

（肌質改善） （収れん） （抗菌） （女性ホルモン様作用）

皮膚炎の生薬「シコン」でも有名

ムラサキ根エキス

医薬部外品表示名	シコンエキス
主な含有成分	シコニン

　ムラサキ科植物ムラサキの根から抽出され
たエキスです。紫の染料として重用されました
が、現在は絶滅危惧種に指定されています。
皮膚炎用軟こう「紫雲膏」の主成分としても知
られます。消炎、制菌の効果がありトラブルか
ら皮膚を守る目的の化粧品に配合されます。

主な作用

（肌質改善） （抗菌）

入浴剤としても使われる

モモ葉エキス

主な含有成分	タンニン

　バラ科植物モモの葉から抽出されるエキス
で、化粧品としては抗菌、消炎、収れんの効
果を目的に配合されます。ニキビやあせも予
防の入浴剤としてもよく使われます。同じ植物
からの成分としては保湿効果の高いモモ種子
エキス、柔軟性を高めるモモ核油もあります。

主な作用

（肌質改善） （収れん） （抗菌）

皮膚を引き締めてつややかに

ヤグルマギク花エキス

医薬部外品表示名	ヤグルマギクエキス
主な含有成分	アントシアニン、クマリン誘導体

　キク科植物ヤグルマギクの花から抽出されたエキスです。メディカルハーブの分野では軽度の目の炎症に用いられています。収れん、むくみ緩和、皮膚細胞の活性効果があり、肌荒れ防止やエイジングケアを目的とした化粧品に配合されます。

主な作用

`肌質改善` `抗菌`

高い抗酸化作用で皮膚を整える

ユキノシタエキス

主な含有成分	フラボノイド、タンニン

　ユキノシタ科植物ユキノシタの全草から抽出されるエキスです。発熱や腫れものなどの民間療法に用いられてきました。消炎、抗菌作用のほか抗酸化作用で美白や酸化防止にも効果があるとされ、美白やエイジングケア化粧品に向いているとされます。

主な作用

`肌質改善` `抗菌`

スキンケアから入浴剤まで幅広く配合

ユズ果実エキス

医薬部外品表示名	ユズエキス
主な含有成分	ビタミンC、有機酸

　ミカン科植物ユズの果実から抽出されたエキスです。収れん、保湿、血行促進の効果があり、エイジングケア化粧品などに配合されます。同じくユズ果実から抽出されたエキス、ユズセラミドはバリア機能を改善させる作用があるとされ、化粧品に活用されます。

主な作用

`保湿` `収れん`

さまざまな場面で頼れる民間薬にも

ユーカリ葉エキス

医薬部外品表示名	ユーカリエキス
主な含有成分	タンニン

　オーストラリアに自生するフトモモ科植物ユーカリノキの葉から抽出されたエキスです。先住民により熱病、伝染病などの治療薬として使われてきました。化粧品としてはバリア機能改善、血行促進の効果があり、幅広い製品に使われます。

主な作用

`収れん` `抗菌`

東西で魔よけの草として有名

ヨモギ葉エキス

医薬部外品表示名	ヨモギエキス など
主な含有成分	タンニン、ビタミン類

　キク科植物ヨモギの葉から抽出されたエキスです。ヨモギは世界のいたるところに分布し、その種類は250種類ともいわれていますが、独特の強い香りをもつことから東西を問わず魔よけの力をもつと信じられています。漢方分野では止血や止痛の効果があることから婦人科系の疾患や民間療法分野で切り傷の止血、湿疹、虫刺されの外用薬、冷え性や腰痛の改善目的に全草を入浴剤として応用しています。化粧品として用いられる場合は、消炎、収れん、抗菌などの作用を期待し、肌荒れ対策の製品やニキビケアの化粧品に配合されます。また、抗アレルギー作用が高いため、アトピー性皮膚炎の改善を目指す製品に配合されることもあります。似た名前に「カワラヨモギ花エキス」がありますが、同じくキク科植物ではあるものの、別の植物で、効果効能や含有成分、化粧品の配合目的も異なります（189ページ参照）。

主な作用

`肌質改善` `収れん` `抗菌`

心身の鎮静に役立つエキス

ラベンダー花エキス

医薬部外品表示名	ラベンダーエキス
主な含有成分	タンニン、リナロール、リモネン

　シソ科植物イングリッシュラベンダーの花から抽出したエキスです。医薬部外品表示名は抽出する際の溶媒により「ラベンダーエキス(1)」「ラベンダーエキス(2)」と区別されていますが、化粧品表示名としてはどちらも「ラベンダーエキス」と表示されます。イングリッシュラベンダーはその香りが清潔・純粋さの象徴とされて古くからヨーロッパを中心に洗濯物の香りづけや防虫、入浴時の芳香剤、心身の鎮静・浄化などに用いられてきました。不安や睡眠障害の緩和のハーブティーとして、または神経疲労や神経性胃炎などの自律神経失調時の入浴剤として用いられています。化粧品として収れん効果や殺菌・抗菌効果をもっているため、ニキビの予防や毛穴ケアを目的としたスキンケア製品、ボディケア製品への配合に適しています。また、その高い芳香から化粧品に香りをつける目的でさまざまな製品に使われています。

主な作用
`肌質改善` `抗菌`

漢方薬にもエイジングケアにも活用

レイシエキス
（レイシ柄エキス）

主な含有成分	多糖類（β-グルカン）

　サルノコシカケ科植物マンネンタケという担子菌の子実体(キノコ)から抽出されたエキスです。かつては入手困難として珍重されましたが現在は人工栽培に成功しています。消炎、保湿とともに皮膚機能を活性化させるのでエイジングケア化粧品の配合に適しています。

主な作用
`保湿` `肌質改善`

保湿してキメを整える

リンゴ果実エキス

医薬部外品表示名	リンゴエキス
主な含有成分	有機酸、糖類、タンニン

　バラ科植物リンゴの果実から抽出されたエキスです。種子から抽出されたリンゴ種子エキスもあります。皮膚を柔軟にする、保湿する作用があり、乾燥肌対策の化粧品に配合されます。収れん効果もあるため、キメを整える製品にも活用されています。

主な作用
`保湿` `収れん` `角質柔軟`

ハーブティーでも人気上昇中

ルイボスエキス

医薬部外品表示名	アスパラサスリネアリスエキス
主な含有成分	フラボノイド

　マメ科植物ルイボスの全草から抽出されたエキスです。南アフリカに自生しており原住民の間で日常的に飲用されてきた歴史があります。抗酸化、鎮静、消炎の作用があり、肌荒れの改善やエイジングケアを目的とする化粧品への配合に適しています。

主な作用
`肌質改善` `鎮静`

穏やかに皮膚を引き締める

レンゲソウエキス

主な含有成分	タンニン、糖類

　マメ科植物レンゲソウの全草および種子から抽出されたエキスです。角層の水分量増加による保湿作用のほか抗アレルギー作用、抗糖化作用、穏やかな収れん作用があり、肌荒れ改善を目指す化粧品や乾燥から皮膚を守る化粧品などに配合されています。

主な作用
`保湿` `収れん`

さっぱりとした引き締め効果

レモン果実エキス

医薬部外品表示名	レモンエキス
主な含有成分	ビタミンC、有機酸

　ミカン科植物レモンの果実を圧搾・ろ過して得られたレモン果汁を濃縮して得られたエキスです。クエン酸を含む有機酸を含み、収れん、保湿、美白の効果があります。夏用の引き締め目的の化粧品に多く配合されています。爽やかな香りでも活用されています。

主な作用
`保湿` `美白` `収れん`

爽やかな香りで抗酸化作用も

ローズマリー葉エキス

医薬部外品表示名	ローズマリーエキス
主な含有成分	フラボノイド(ロスマリン酸、クロロゲン酸)

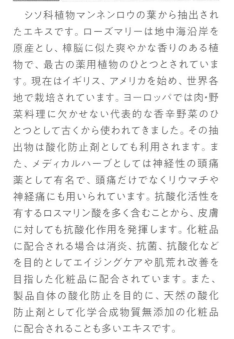

　シソ科植物マンネンロウの葉から抽出されたエキスです。ローズマリーは地中海沿岸を原産とし、樟脳に似た爽やかな香りのある植物で、最古の薬用植物のひとつとされています。現在はイギリス、アメリカを始め、世界各地で栽培されています。ヨーロッパでは肉・野菜料理に欠かせない代表的な香辛野菜のひとつとして古くから使われてきました。その抽出物は酸化防止剤としても利用されます。また、メディカルハーブとしては神経性の頭痛薬として有名で、頭痛だけでなくリウマチや神経痛にも用いられています。抗酸化活性を有するロスマリン酸を多く含むことから、皮膚に対しても抗酸化作用を発揮します。化粧品に配合される場合は消炎、抗菌、抗酸化などを目的としてエイジングケアや肌荒れ改善を目指した化粧品に配合されています。また、製品自体の酸化防止を目的に、天然の酸化防止剤として化学合成物質無添加の化粧品に配合されることも多いエキスです。

主な作用
`肌質改善` `抗菌` `抗酸化`

もうひとつのカミツレ

ローマカミツレ花エキス

医薬部外品表示名	ローマカミツレエキス
主な含有成分	カマズレン、フラボノイド

　キク科植物ローマンカモミールの花から抽出されたエキスです。カミツレ花エキス（189ページ）より強いリンゴのような芳香と抗酸化作用をもつのが特徴で別エキスと分類されます。エイジングケア化粧品などさまざまな化粧品のほかヘアケア製品にも配合されます。

主な作用
`肌質改善` `抗菌` `抗酸化`

ハーブティーとしても有名

ワイルドタイムエキス

医薬部外品表示名	タイムエキス(1)、(2)
主な含有成分	フラボノイド、タンニン、チモール

　シソ科植物ワイルドタイムの地上部から抽出されたエキスです。風邪の予防、喉の痛みの緩和目的のハーブティーとしても汎用されます。化粧品に配合される場合は抗菌作用のほか色素沈着を抑える作用があるとされ、幅広い製品に使われています。

主な作用
`肌質改善` `抗菌`

今後も新たな作用に着目

ワレモコウエキス

主な含有成分	タンニン、サポニン

　バラ科植物ワレモコウの根茎から抽出されたエキスです。漢方分野では清熱涼血・止血の効果があることからさまざまな民間薬に用いられます。化粧品には抗アレルギー、抗酸化のほか脱毛・臭いの抑制などさまざまな効果があるとされ、多くの製品に使われています。

主な作用
`肌質改善` `収れん` `皮膚活性`

香りによる心身の療法
アロマテラピーの主役

精 油

植物のエネルギーが満ちた香り

植物は花、葉、果皮、果実、心材、根、種子、樹皮、樹脂などさまざまな部位から香りを放っています。その香りがする部位には植物の分泌腺という部分でつくられた油脂が蓄えられています。油脂が蓄えられた部位を中心に収穫し、それぞれの植物にあった蒸留方法などで抽出した揮発性の芳香成分が、精油です。精油には病気や害虫から身を守る、エネルギーを保存する、温度調節をするなど、植物が自らを守ると同時に種の生存・保存を維持するなど重要な役割があります。精油を化粧品に配合する理由は天然の香りを製品に付与するということもありますが、芳香成分がもつ自己を守る力を有効成分として人の健康に役立てることにあります。この使い方をアロマテラピーといい、紀元前から続く歴史があります。

精油を使った自然療法・アロマテラピーとは

植物由来成分は植物エキスと精油に分類されますが、植物エキスが植物のもつ薬用成分を活用しているのに対し、精油は芳香成分が主体となります。この精油の芳香成分を使って病気や外傷の治療、病気の予防、心身の健康、リラクゼーション、ストレスの緩和を目的とする療法をアロマテラピーと呼びます。アロマテラピーのルーツは古代エジプトのミイラづくりや祈りの儀式までさかのぼることができ、長い歴史をもっています。現代のアロマテラピーは精油がもつ芳香成分の刺激が嗅覚を通して大脳に働きかける作用を利用するもので、その方法はさまざまあります。代表的な方法はマッサージなどで皮膚に塗布することで体温によって温められた芳香が鼻から入る、スプレーして室内に拡散させる、入浴に使う、アロマデフューザーなどで室内を芳香で満たすなどがあり、人間の自然治癒力を高める、疲れた心身を癒すといった効果を目的に行われています。「いい香りで気分がよくなる」だけでなく、体内に入った芳香成分が精神・身体の両方に働きさまざまな効果をもたらす、それがアロマテラピーです。ちなみに、「アロマセラピー」はアロマテラピーを英語読みにしたもので、内容は同じです。

法律と科学の関係

アロマテラピーは長い歴史をもつ伝承的な療法で、さまざまな効果が伝えられています。そうした効果を実感し、日常生活に取り入れて健康維持に役立てる人も多く、さまざまなメーカーが哲学をもってこだわりの製品を世に送り出し、支持を得ています。しかしながら、その効果効能だけでなく「アロマテラピー」という表現または皮膚への働きを広告で表現することは法律上認められていません。これは伝承的な効果効能が現時点で科学的に検証され尽くしていないことに理由があります。本書では科学的見地に基づいて有用な情報を掲載しています。

精油の抽出方法

1キロの精油を得るためにはローズなら3〜5トンを必要とするなど、
精油は大量の原料植物からほんの少量しか得られません。
しかもそれぞれの植物の特性に合わせた方法で抽出する必要があり、
手間も費用もかかります。ここでは代表的な抽出方法を説明しましょう。

水蒸気蒸留法

熱した水から発生する水蒸気を原料植物に当てることで精油を抽出する方法で、最も多く使われる方法。

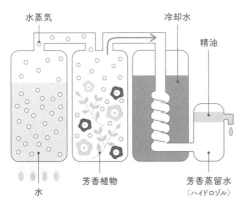

①水を熱して水蒸気を発生。②水蒸気は管を通って芳香植物入りの容器タンクへ入り込み、植物の分泌腺を破裂させ、分泌したものは蒸気とともに蒸発。③蒸気は管をさらに通って移動し、冷却水で覆われたコイル状になっている管の中で何度も回りながら冷やされる。④冷えた蒸気は液体に戻り最後の容器タンク（エッソンシエ）で精油と蒸留水が分離した状態に。

超臨界二酸化炭素抽出法

超高圧の二酸化炭素ガスを利用する、比較的新しい抽出法。高圧をかけて液化した二酸化炭素を使って植物の芳香成分を抽出。その後常圧に戻して二酸化炭素を気化させることで精油を抽出する。

圧搾法

遠心力を用いた機械で柑橘系の果皮を圧搾して精油を抽出する方法。熱を加えないため、成分のほとんどを変化させずに精油を抽出することができる。

溶剤抽出法

揮発性溶剤に原料植物を浸して得られた成分をアルコールで処理したのち熱を加えて精油を抽出する方法。芳香成分が少ない植物や樹脂などに用いられる。この方法で得られた精油は「アブソリュート」と呼ばれる。

植物由来成分② 精油

リンゴのような優しい香りが心身を癒す

カモミール

科 名	キク科
部 位	花
抽出法	水蒸気蒸留法

主な作用

- 健胃
- 降圧
- 抗アレルギー
- 抗炎症
- 鎮静

主な使用法 ....
入浴、マッサージ、
湿布、スキンケアなど。

　リンゴのような香りが特徴の小さな白い花をつける植物で、産地によりジャーマンカモミール、ローマンカモミール、ケープカモミール、モロッカンカモミールがあります。ジャーマンは皮膚炎に適しており、ローマンとケープはスキンケアや心理面に用いるのが向いています。モロッカンはやや作用が劣ります。アレルギーや炎症に使われるほか、心の静寂と安眠をもたらすとされ、ハーブティーとして飲用されるほかマッサージオイルにも使われます。優しい作用で赤ちゃんから高齢者まで使える精油です。

上品な香りで自律神経を整える

クロモジ

科 名	クスノキ科
部 位	枝葉
抽出法	水蒸気蒸留法

　古くから小楊枝として生活に根付いてきた木です。精油としての活用は近年からでしたが、お茶としても盛んに飲用されています。優しく包み込むようなウッディな香りが特徴で、心身の疲労を癒す、自律神経のバランスを整えるといった働きがあります。不安や緊張などのストレスの緩和にも有効です。

主な作用

抗ウイルス	抗炎症	抗菌	鎮静

主な使用法 ....
入浴、マッサージ、ルームフレグランスなど。

白檀としても知られる高貴な香り

サンダルウッド

科 名	ビャクダン科
部 位	心材
抽出法	水蒸気蒸留法

　白檀としても知られ仏像や仏具、建築にも使われています。穏やかで持続性の高い香りが特徴で、心身に対してさまざまな効果が期待できます。インドの伝統医療アーユルヴェーダでは熱病対策のために使われてきました。スキンケアでは保湿や皮膚炎、かゆみの軽減などに使われています。

主な作用

うっ血除去	共振	神経強壮	鎮静

主な使用法 ....
吸入、マッサージ、入浴、湿布、スキンケアなど。

204

不安・緊張を和らげる穏やかな香り

シダーウッド

科 名	マツ科
部 位	木
抽出法	水蒸気蒸留法

ウッディな香りが特徴です。心を落ち着かせる、精神的な疲労や集中力に欠ける状態から解放させるなど緊張からの解放をサポートします。循環や免疫力の強化、リンパの流れを整えてむくみや冷えを改善させる作用も期待されます。顔に使うには、ごく少量をラベンダーなどとブレンドするのが推奨されています。

主な作用

(神経強壮) (収れん) (抗菌) (鎮静)

主な使用法
入浴剤、マッサージ、スキンケアなど。

スパイシーで甘い香り

タイム・リナロール

科 名	シソ科
部 位	花付きの全草
抽出法	水蒸気蒸留法

タイムの種類は300種以上あるとされ、中でも深みのあるグリーンがスパイスを思わせる香りのタイム・リナロールは安心して使える精油とされます。スキンケアには主に芳香蒸留水が使われ、精油はごく少量をラベンダーなどとブレンドして用いることが推奨されています。ストレスケアにも使われる精油です。

主な作用

(神経強壮) (抗菌) (鎮静)

主な使用法
入浴剤、スキンケア、ヘアケアなど。

魔よけにも使われた深い香り

ゼラニウム

科 名	フウロソウ科
部 位	葉
抽出法	水蒸気蒸留法

主な作用

(健胃)
(自律神経調整)
(抗うつ)
(皮脂分泌抑制)

主な使用法
入浴剤
スキンケア
ヘアケアなど。

センティッドゼラニウム（ニオイゼラニウム）という、葉が香る植物で200種もの種類があります。バラの香りがするローズゼラニウムやリンゴのような香りのブルボンゼラニウムなど成分の割合は産地や学名によって変わりますが、使用法はどれも同じです。不安や興奮、または無気力など揺れて気持ちが落ち着かないなど、アンバランスな精神状態を整えるサポートが期待できます。むくみの改善やイライラするときの使用が向いており、スキンケアでは乾燥肌にも脂性肌にも使えます。収れん、止血などにも役立ちます。

植物由来成分②　精油

205

オーストラリア先住民が愛用した精油

ティートリー

科 名	フトモモ科
部 位	葉
抽出法	水蒸気蒸留法

グリーンを感じさせる爽快な香りが特徴です。オーストラリアの先住民は生活用具から薬用までさまざまな目的で使ってきました。抗菌、抗真菌や免疫、神経系の強壮に役立つとされています。特に口腔やニキビのケアを目的とした商品によく配合されています。心の安定にも使われています。

主な作用

(抗ウイルス)(抗菌)(神経強壮)(鎮静)

主な使用法 ....
入浴剤、スキンケア、ヘアケアなど。

エキゾチックでゴージャスな香り

パチューリ

科 名	シソ科
部 位	全草
抽出法	水蒸気蒸留法

パチューリとはインドのタミール語で「緑の葉」の意味。1960年代にはヒッピーの間で人気となり「フラワーチルドレンの香り」と呼ばれました。高い保湿力、収れん作用があるため乾燥やエイジングの悩みに対応する化粧品に配合されます。緊張や不安、憂うつな気持ちを忘れさせてくれるともいわれ、ストレスケアにも有効です。

主な作用

(鎮静)(血行促進)(皮膚細胞活性)

主な使用法 ....
マッサージ、スキンケアなど。

安眠をもたらす穏やかな香り

ネロリ

科 名	ミカン科
部 位	花
抽出法	水蒸気蒸留法

主な作用

(抗うつ)

(抗菌)

(収れん)

(鎮静)

主な使用法 ....
マッサージ、入浴
スキンケア、吸入など。

可憐、優しい、繊細、柔らか…こうしたイメージのあるグリーンで甘い香りの精油です。柑橘系の木に咲く花はすべてネロリと総称して呼ばれ、それぞれの種類により学名が異なります。精油で活用されるネロリはビターオレンジの木から収穫されています。ネロリという名前の由来は17世紀イタリアのネロラ公国妃が革の手袋と入浴にこの精油を使ったことから。香水業界ではローズ、ジャスミンとともに古くから使われています。安心感と落ち着きをもたらす香りでメンタル面のサポートに向いています。

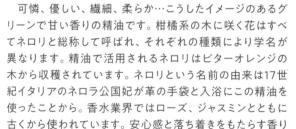

ローズに似た香りで感染症にも

パルマローザ

科 名	イネ科
部 位	葉
抽出法	水蒸気蒸留法

主な作用

- 鎮静
- 抗不安
- 皮膚細胞活性
- 免疫強化

主な使用法

入浴剤
スキンケア
ヘアケアなど。

　北インド、ネパールの湿地帯に自生する多年草です。インディアンゼラニウム、ロシャグラス、ロシャなどの別名をもちます。香りがローズに似ているため、ローズ精油に加えられることもあります。神経過敏やうつ状態、不安、不眠などの際に気持ちを落ち着かせ、穏やかな状態に導いてくれるとされます。スキンケアに活用される精油で、皮膚細胞を活性化させてツヤやうるおいをもたらす目的でエイジングケアに使われるだけでなく、皮膚炎や湿疹、かゆみ、ニキビなどのトラブルケアにも利用されています。

宗教儀式にも使われる深淵な香り

フランキンセンス

科 名	カンラン科
部 位	樹脂
抽出法	水蒸気蒸留法、二酸化炭素抽出法

主な作用

- 鎮静
- 抗不安

主な使用法

マッサージ
スキンケア
ヘアケア など。

　産地として有名なのは中東のオマーンで、野生の樹に傷をつけ、染み出た樹液が固まった樹脂を削って採集します。古代よりギリシア、エジプト、ペルシア、ヘブライ、ローマなどで宗教儀式の薫香に香油として使われていたという長い歴史があります。砂漠の民が活用していただけあって、乾燥や肌荒れなどのケアに適しています。特に二酸化炭素抽出法で得られた精油は抗炎症、鎮静などの効果が高いとされ、ストレス性の肌トラブルにもよいとされています。

植物由来成分② 精油

皮膚をうるおす土の香り

ベティバー

科　名	イネ科
部　位	根
抽出法	水蒸気蒸留法

　生育18〜24カ月の根を掘り、乾かしたものを刻んで水中蒸留して得られる精油です。土臭さとほのかな甘い香りが特徴で、熟成するほど香りが変化します。免疫系を刺激して活性化し、ストレスや疲れを癒すとともに皮膚に対しては高い保湿性が確認されています。特に乾燥肌、シワの悩みに推奨される精油です。

> **主な作用**
>
> （強壮）（鎮静）（保湿）（免疫活性）
>
> 主な使用法 ……………………………………
> 吸入、マッサージ、入浴、スキンケアなど。

緊張をほぐす甘い香り

マンダリン

科　名	ミカン科
部　位	果皮
抽出法	圧搾法

　甘く落ち着きのある香りで穏やかな働きの精油です。マンダリンは歴史的にオレンジなどの代用や食品の味付け、香り付けに活用されてきました。温和な香りで緊張感をほぐすとともに、消化の働きを助けて膨満感を解消するとされます。敏感肌や脂性肌などトラブルの多い皮膚にも推奨される優しさが特徴です。

> **主な作用**
>
> （抗酸化）（抗菌）（消化促進）（鎮静）
>
> 主な使用法 ……………………………………
> 吸入、入浴、スキンケアなど。

ミイラづくりにも使われた精油

ミルラ

科　名	カンラン科
部　位	樹脂
抽出法	溶剤抽出法、蒸留法

　没薬とも呼ばれる樹脂で、古代から香料、お香、スキンケアに使われていました。特に防腐作用にすぐれ、古代エジプトではミイラ保存に活用したといわれます。鎮静作用や抗炎症作用があるとされ、さまざまなケアに使われています。インドの伝統医療アーユルヴェーダでは強壮と長寿の妙薬に使用されます。

> **主な作用**
>
> （強壮）（健胃）（抗炎症）（殺菌）
> （収れん）
>
> 主な使用法 ……………………………………
> 吸入、マッサージ、入浴、うがい、スキンケアなど。

古代の戦場では傷薬

ヤロー

科　名	キク科
部　位	花のついた地上部分
抽出法	水蒸気蒸留法

　古代ギリシアのトロイア戦争で止血に使われたという伝説があります。悪魔を遠ざけるとされ、教会に植えられていました。根から病気を防ぐ成分を分泌するためコンパニオンプラントとして活用されています。炎症性の症状や痛みに効果があるとされ、皮膚に対してはニキビやかゆみ、皮膚炎に使用されています。

> **主な作用**
>
> （鎮静）（抗炎症）（抗菌）（皮膚再生）
>
> 主な使用法 ……………………………………
> 吸入、マッサージ、湿布、スキンケアなど。

ラベンダー（真正ラベンダー）

科　名	シソ科
部　位	花
抽出法	水蒸気蒸留法

主な作用

抗うつ
抗炎症
抗菌
鎮静
皮膚再生

主な使用法
吸入、マッサージ
入浴、湿布
スキンケアなど。

　世界中でもっとも活用されている精油の代表ともいえるのがラベンダー。グリーンをイメージさせる清々しさと優しい甘さを併せもつ香りが特徴です。古代ローマ人が入浴の際に使ったとされ、長い歴史をもちます。紫以外にも白やピンクの花穂をつけるものもあり、それぞれ香りや成分に違いがあります。痛みや炎症を鎮める、心を落ち着かせるなどのほか、皮膚の炎症を鎮め、再生を早めるとされてやけどの応急手当にも使われます。直接肌につけることができるのも大きな特徴で、汎用性の高い精油です。

レモンペティグレン

科　名	ミカン科
部　位	葉
抽出法	水蒸気蒸留法

　フレッシュで爽快なグリーンを思わせる香りが特徴の精油です。明瞭さを感じさせる香りは安心感を与え、呼吸を整えるとされます。緊張状態からの解放やストレスケアに使われます。精油の成分特性に虫などの忌避作用があり、虫よけにも使われます。

主な作用

抗炎症　鎮静　虫よけ

主な使用法
入浴、スキンケア、空気清浄など。

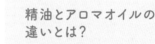

精油とアロマオイルの違いとは？

　精油（エッセンシャルオイル）は天然成分のみのオイルのこと。対してアロマオイルは精油に香料、希釈したりなじみをよくするためのキャリアオイル、無水エタノールなどで調合したものを指します。皮膚につける際はアロマオイルにして使用するのが一般的です。

植物由来成分②　精油

ローズ

科　名	バラ科
部　位	花
抽出法	水蒸気蒸留法、冷浸法

主な作用

強壮　抗うつ
抗炎症
収れん
鎮静
皮膚再生

主な使用法
吸入、マッサージ、
入浴、湿布、うがい、
スキンケアなど。

　紀元前から美しさを象徴すると同時に美容に用いられてきたバラ。精油には水蒸気蒸留法で抽出されるローズ・オットーと溶剤抽出法で抽出されるローズ・アブソリュートの2種類があります。皮膚に使う場合は溶剤が残留するリスクを避けるため、ローズ・オットーが使われるのが一般的です。華やかな香りで心を安定させるとともに多幸感をもたらします。古くから愛を象徴する精油であることから、恋のパートナーとして使われています。一方で婦人科系の悩み解消や、保湿やエイジングケアなど幅広く使われています。

Column

精油の恩恵を皮膚に取り入れる方法

　アロマテラピーの概念では、精油は皮膚に塗布することで毛細血管を通じて芳香成分が全身に行きわたるといわれています。しかし、ラベンダーなど一部を除き、精油を直接皮膚につけるのは作用が強すぎて悪影響を及ぼす可能性があります。日常生活の中で安全に精油を楽しむ方法を紹介しましょう。

● フェイシャルスチーム
湯を張った洗面器などに精油を1～3滴垂らし、その湯気を顔にあてる方法。頭からバスタオルをかぶると湯気が逃げず効率的。

● マッサージ
ホホバ種子油やマカデミアナッツ油などの植物性オイル10mℓに対し精油を3滴垂らしてマッサージする。数種類の精油をブレンドしてもよい。

● 化粧水
アロエやカモミールなどの芳香蒸留水に精油を数滴垂らしたものを化粧水として使う。肌質や目的に応じて精油の種類や量が変わるため、安易に実行しないほうが無難。防腐剤などが配合されていないため変質に注意が必要。

● ヘアケア
植物油に精油を数滴混ぜたものをヘアオイルにする。リンゴ酢に精油を混ぜたものをリンスにするなどさまざまな方法がある。

代表的なオーガニック認証機関

　世界各国にはさまざまなオーガニック認証機関があり、厳しい基準をクリアした証としてオーガニック認証マークを発行しています。認証マークがついていることと美容効果は必ずしも一致しませんが、選ぶときの手がかりになります。ここでは各国の代表的な認証機関を紹介します。

COSMOS
（コスモス）

オーガニック、ナチュラル化粧品の世界基準。COSMOS OGANIC認証とCOSMOS NATURAL認証の2種類がある。

ECOCERT
（エコサート）

1991年設立。フランスの国際有機認証機関。農産物、加工食品、化粧品、コットン、その他広範囲の有機認証を提供している。

COSMEBIO
（コスメビオ）

2002年設立。フランスのエコロジカル・オーガニック化粧品の協会がエコサート基準を満たしたオーガニック製品に与えている認証。

BDIH

2000年設立。ドイツ化粧品医薬品商工業企業連盟の略。世界初の本格的ナチュラルコスメのガイドラインでドイツの自然派化粧品の基準。

Na True
（ナチュール）

ネィトゥールとも。ベルギーに本部を置く認証団体。BDIH基準で対応できなかったオーガニック基準を新たに補ってつくられたガイドライン。

SOIL ASSOCIATION
（ソイルアソシエーション）

1946年設立。イギリスのオーガニック認証機関。英国土壌協会として設立され植物原料などの認定を行う。

ICEA
（イチュア）

イタリアを代表するオーガニック認証機関。オーガニック植物原料を用いた化粧品に与える厳密な基準を設けている。

ACO

2002年設立。もともとは農産物や食品の認定を行うため設立されたオーストラリアのオーガニック認証機関。化粧品などの認定も食品レベルの安全基準で行っている。

USDA

日本での有機JASに当たるアメリカの基準。アメリカでのオーガニック基準は食品のみで化粧品に関するものはなく、化粧品についてはUSDAが採用されるケースが多い。

JNOCA

日本初のナチュラル・オーガニック化粧品の認証機関。「JNOCAナチュラル」「JNOCAオーガニック」という2つの認証を設け、成分に関する独自の基準をクリアした製品に認証マークを付与している。

目的別おすすめ精油

● 乾燥・シワに　ゼラニウム、パチュラ、フランキンセンス、ラベンダー、ローズなど

● 脂性肌　ゼラニウム、マンダリン、ラベンダーなど

● ニキビ　ゼラニウム、ティーツリー、パルマローザ、ラベンダーなど

● 敏感肌　カモミール、ゼラニウム、ティーツリー、パルマローザ、ラベンダー、ローズなど

● エイジングケア　ゼラニウム、ネロリ、パルマローザ、ラベンダー、ローズ、マンダリンなど

植物由来成分② 精油

実は安全で効果も高い
成分群

鉱物由来成分

長い年月をかけて地球がつくりあげた天然成分

「鉱物由来成分」とは、地球上に自然に発生し、存在する無機物質で化学構造がわかっている原料およびそれらと同じものを化学合成によって得る原料のことを指します。自然に発生したものは「自然鉱物原料」と呼びますが、確実に合成品でも自然鉱物原料と同じ化学式であれば、鉱物由来成分として分類されます。これらは化粧品工業連合会が化粧品の

自然・オーガニック指数を計算するための基準、ISO16128で定義づけられているもので、代表的な鉱物由来成分には塩（塩化ナトリウム）やタルク、二酸化チタンなどがあります。これらの鉱物由来成分のほか、金やプラチナ、トルマリンなどの貴石が化粧品に配合されることもあり、高い美容効果とともに高級感のあるイメージ作りに貢献しています。

「石油系」と敬遠されたのは昔のこと

鉱物由来成分の中でもミネラルオイル、ワセリン、パラフィン、流動パラフィンなどと表示される鉱物油は、「石油系」や「石油からつくらている」といわれることが多く、肌に悪い、避けるべきだと敬遠されてきました。しかし、そのイメージが定着したのは、以前に不純物を多く含む鉱物油を配合した化粧品があり、トラブルが生じたためとされています。現代では精製技術が格段に進歩したため、化粧品で使用される鉱物油は十分精製されており、安全性が高く、安心して使うことができます。たとえば石油から得られる半固形状の白色ワセリンは、医薬品の軟こうにも使われる安全な成分です。

化粧品における鉱物油
（ミネラルオイル、ワセリン、パラフィンなど）
の使用例

- 乳液
- クリーム
- クレンジングクリーム
- ファンデーションなどメイクアップ製品

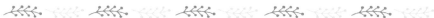

塩化Na

医薬部外品表示名	塩化ナトリウム
ルーツ	ナトリウムの塩化物。

塩化Naは自然界においては岩塩および海水に主成分として含まれる、いわゆる「塩」です。必須ミネラルのひとつとして生命維持に欠かせない鉱物であり、食品から医薬品までさまざまな製品に配合されています。安全性が高く、皮膚を引き締めて整える作用があるため、ニキビや脂性肌のケアに、パックやピーリング剤としてくすみ改善に使われたりします。

主な配合アイテム

化粧水　乳液　クリーム　美容液

ほかには
パック、ピーリング、マッサージなどの製品、洗顔料など。

海塩

医薬部外品表示名	海水乾物
ルーツ	海水または塩湖水から得られる水。

海水は一般的に塩分が約3.4%含まれますが、その構成は塩化ナトリウムだけではなく塩化マグネシウム、硫酸マグネシウムなど多様なミネラルが含まれています。化粧品に用いられる海塩は主に死海やフランスのブルターニュ地方の海水などミネラルを豊富に含むものが用いられています。そのため皮膚のうるおいに必要なミネラルを補給することができます。

主な配合アイテム

化粧水　乳液　クリーム　美容液

ほかには
全身のケア製品、洗顔料、マスク、ヘアケア製品など。

温泉水

医薬部外品表示名	常水、湯原温泉水
ルーツ	温泉から湧出した湯または水。

温泉には遊離炭酸やイオン類、イオウ、ラドンなどのさまざまな有効成分が含まれています。水と比較してマグネシウム、カルシウム、ナトリウムなどのミネラルが豊富で、これらが角層に含まれる天然保湿因子の構成成分であることから保湿やミネラル補給に役立つとされます。温泉水は古くから湯治、スパとして世界中で用いられ、効果実感の高い成分といえます。

主な配合アイテム

化粧水　乳液　クリーム　美容液

ほかには
パック、入浴剤など。

塩化Mg

医薬部外品表示名	塩化マグネシウム
ルーツ	マグネシウムの塩化物。

塩化Mg(マグネシウム)とは海水に含まれるにがり(苦汁)成分で、豆腐の凝固剤としても知られています。角層に含まれるNMF(天然保湿因子)を構成するミネラルのひとつであり、温泉水にも多く含まれています。入浴剤に配合されるほか、化粧品として配合される場合は、製品の粘度を調整する増粘剤のほか、ベタつきの少ない保湿剤として使われています。

主な配合アイテム

化粧水

ほかには
入浴剤(バスソルト)など。

鉱物由来成分

ゴージャスな化粧品として定着

金

別　称	金箔
ルーツ	94.4%以上含む純度の金を薄片にしたもの。

　金は安定性がある分子のため、形状を選ばずさまざまな製品に配合できるのが特徴です。以前はジェルなど粘性のある化粧品に配合されましたが、最近は最先端のナノテクノロジーにより、金をナノサイズまで分解できるようになったため、化粧水などにも配合できるようになりました。保湿効果があるとされますが、高級感の演出のために使われることが多い成分です。

主な配合アイテム

（ 化粧水 ）（ ジェル ）（ クリーム ）

ほかには ……………………………………
パック、マッサージなど。

高い抗酸化作用でエイジングケアに

白金

別　称	プラチナナノコロイド
ルーツ	水溶液中に白金（プラチナ）を分散させたもの。

　液体などに物質を分散させることをコロイド状態といい、化粧品原料として使うために白金をナノサイズ（1ナノ＝10億分の1メートル）にしてコロイド状態にしたものをプラチナナノコロイドといいます。2005年に開発された抗酸化物質で、シミやシワの原因とされる活性酸素を除去する効果を期待され、エイジングケア化粧品などを中心に配合されています。

主な配合アイテム

（ 化粧水 ）（ 乳液 ）（ クリーム ）（ 美容液 ）

ほかには ……………………………………
パック、マッサージなど。

洗顔パウダーの重要キャスト

タルク

ルーツ	天然の含水ケイ酸マグネシウム。

　タルクとは滑石という柔らかな鉱物を微粉末にしたもので、フェイスパウダーやボディパウダー、洗顔パウダーなど粉末の化粧品に配合されている成分です。滑らかで吸着性が高いため、粉末状の化粧品以外でもファンデーションや日焼け止めにも配合されています。皮膚に吸着してサラサラにする、自然な白さを演出するなどさまざまな効果があります。

主な配合アイテム

（ 化粧下地 ）（ 洗顔パウダー ）

ほかには ……………………………………
ファンデーション、アイシャドウなどメイクアップ製品。

Column

タルクの安全性は？

　1987年、外国産のタルクに有害なアスベストが含まれていたとして問題になりました。この事件をきっかけに国内でタルクの品質管理が見直され、かつ検査も厳しくなったため、国産のタルクにアスベストが混入する可能性は極めて低く、安全性は高いといえます。

カオリン

別　称	白陶土、カオリナイト
ルーツ	天然の含水ケイ酸アルミニウム。

　カオリンは粘土鉱物で、自然界では熱水鉱床・堆積鉱床・風化残留鉱床などに産出される地下資源です。多孔質という特性から皮脂や汚れを吸着する作用が高く、また比較的軽い使い心地があるため、クレイパックの配合成分としてもっとも多く使われています。毛穴に詰まった汚れを取る効果があるとされ、脂性肌、ニキビ、毛穴のケアに適しています。

主な配合アイテム

乳液　クリーム

ほかには
パック、洗顔料、メイクアップ製品など。

モンモリロナイト

ルーツ	粘土鉱物でベントナイトの主成分。

　モンモリロナイトは高い吸着性があり、過剰な皮脂や皮膚についた汚れを抱え込み、水と一緒に洗い流して清浄に保つことができます。化粧品では「クレイ」と呼ばれ、毛穴に詰まった皮脂も除去する洗浄効果があるとされ、ニキビや毛穴のケアに対応する洗顔料やパックに配合されます。水を吸収すると何倍にも膨らむ性質があり、もっちりとした感触の使用感を与えます。

主な配合アイテム

乳液　クリーム　美容液

ほかには
クレイパック、洗顔料など。

マイカ

医薬部外品表示名	マイカ、セリサイト
ルーツ	天然に産出されるケイ酸アルミニウムカリウム。

　マイカは天然の粘土鉱物で、自然界では花崗岩、雲母片岩などに多く存在しています。主にパウダー状のメイクアップ化粧品に配合される成分です。皮膚への感触が柔らかくなる、すべすべとしたツヤを演出し、パール感のある仕上がりになる、化粧品の伸びをよくするなどの役割があり、多くの製品に配合されています。一部のスキンケア製品にも使われます。

主な配合アイテム

ファンデーション　口紅　日焼け止め

ほかには
化粧水、乳液、美容液、クリーム、ヘアケア製品など。

セレシン

ルーツ	オゾケライトを精製して得られる炭化水素の化合物。

　石油産地の近辺で採られ、地ロウ、セレシンワックスとも呼ばれています。飽和炭化水素からなるオゾケライトを精製して得られた固形状オイルで、パラフィンよりも融点が高く、口紅やチック類などのオイルベースの化粧品を補強する目的で使われています。また、セレシンは粘性をもっており、粘度を調整または乳化物の安定性を保つ目的でクリームなどに配合されます。

主な配合アイテム

スティック系のメイクアップ製品
ペンシル系のメイクアップ製品

ほかには
化粧下地など。

鉱物由来成分

動物由来成分

美容に役立つ成分が豊富

食品やニットや皮革製品など、動物はさまざまな形で私たちの生活に貢献してくれています。化粧品にも多くの動物由来成分が使われていますが、牛乳、魚、ミツバチ由来のものなど範囲が広いため、植物由来成分も含めた総称として「生物由来成分」と呼ぶこともあります。

近年、動物たちのストレスを考慮するアニマルウェルフェアが注目されるようになり、動物由来成分の使用は避ける方向になっています。それでもタンパク質をはじめとするさまざまな成分は人の皮膚になじみがよいのも事実なのでうまく取り入れるとよいでしょう。

高い美容効果が人気のもと

ホエイ

医薬部外品表示名	ホエイ(2)
ルーツ	牛乳タンパク質などから得られた水溶液を乳酸連鎖球菌などで発酵させたもの。

牛由来の化粧品成分は牛乳、乳酸菌培養物、牛脂、そして最近は使われませんが牛由来のプラセンタエキスなどがあり、中でもよく用いられるのがホエイです。抗酸化作用をもつラクトフェリンをはじめビタミンB類、乳酸などを含み、健康食品としても活用されています。化粧品には保湿、美白、シワ対策、エイジングケアを目的とした製品に配合されています。

> **主な配合アイテム**
>
> 化粧水　乳液　クリーム　美容液
>
> ほかには
> プロテインパウダー、サプリメントなど。

輝くイメージで高級感がプラス

パール類

化粧品表示名	パール、パールエキス、真珠層タンパクなど
ルーツ	淡水または海水の真珠の粉末など。

ウグイスガイ科二枚貝アコヤガイなどが生成する真珠はカルシウムなどのミネラル類やアミノ酸が豊富に含まれ、古代からすりつぶした粉末を美容酒などにして飲用していたという記録があります。真珠に含まれるタンパク質はコンキオリンといい、高い抗酸化作用をもつとされシミやシワの予防に適していることから、エイジングケア製品などに多く配合されています。

> **主な配合アイテム**
>
> 化粧水　乳液　クリーム　美容液
>
> ほかには
> サプリメントなど。

滑らかな手触りが皮膚にも好効果

シルク

医薬部外品表示名	シルク末

| ルーツ | カイコガ科カイコガの繭から得られるフィブロインの粉末。 |

　シルクは皮膚や毛髪と同じく動物性タンパクでできており組成や構造もよく似ています。また、フィブロイン(シルクプロテイン)やアミノ酸がバランスよく含まれているのも特徴です。そのため、皮膚になじみやすく吸湿性もすぐれているため、皮膚の保水量を一定に保つ働きを助けるとされています。メイクアップ製品に配合されて光沢を与える作用もあります。

主な配合アイテム

化粧水　乳液　クリーム　美容液

ほかには
ファンデーション、フェイスパウダーなどメイクアップ製品、日焼け止めなど。

皮膚を滑らかにし、光沢も与える

ラノリン

医薬部外品表示名	吸着精製ラノリン など

| ルーツ | ウマ科動物ヒツジの皮脂分泌物を精製したロウ。 |

　ラノリンは羊毛につく油脂(ウールグリース)を精製したもので、刈り取られた羊毛からつくられます。水分を抱え込む性質があり、保湿性にすぐれます。独特の臭いがあるのが特徴ですが、皮膚に柔軟性や滑らかさを与えると同時に光沢感を与えることから、スキンケア製品からメイクアップ製品まで幅広く使われています。

主な配合アイテム

乳液　クリーム

ほかには
医薬品添加剤として外用薬、眼科溶剤など。

効果効能成分が豊富

馬 油

| ルーツ | ウマ科動物馬のたてがみや尾の基部などから得られる脂肪酸 |

　馬の皮下脂肪から得られる馬油はパルミトレイン酸、リノール酸など多価不飽和脂肪酸を多く含み、安定性がよいとされます。古くから皮膚治療の民間薬として使われてきました。浸透率が高く皮膚になじみやすいため、乾燥肌のスキンケアに適しているとされます。角層のバリアをサポートし、皮膚の保護力が高まるため全身のケアに向いています。

主な配合アイテム

化粧水　乳液　クリーム

ほかには
美容オイル、マッサージなど。

Column

動物原料の現状

　動物由来成分は欧米を中心に提唱されるクルエルティフリー(直訳で「残虐性がない」の意味)の影響で減少傾向にあります。世界的な流れですが皮膚に有効だということ、そして、決して動物たちが残虐に扱われているわけではないということは知っていただきたいと思います。

動物由来成分

ナチュラル成分 まとめ

自然由来の化粧品成分は大きく分けて
植物由来成分、鉱物由来成分、動物由来成分の3つ。
それぞれ特徴があるので、
香りや感触など自分の好みで選ぶのがおすすめです。

植物由来成分

植物の葉、茎、花などの部位から抽出した薬用成分がメインの植物エキスと、植物の芳香成分が主役の精油に分類できます。収穫した時期や産地によって効果などが変わることもあります。オーガニック化粧品の主役はこれらの植物由来成分です。

鉱物由来成分

地球上に存在する天然の無機物からつくられた成分です。ミネラルを多く含むのが特徴で、皮膚内のNMF（天然保湿因子）を補うことで保水性を高め、乾燥を防ぐ働きがあります。

動物由来成分

植物由来成分を除いた生物由来成分です。動物や昆虫、魚、貝などから得られる成分で、アミノ酸を含むものが多くあります。皮膚になじみやすい、有効成分が多いなどさまざまなメリットがあります。

Part 6

メイクアップ 化粧品の成分

顔を彩り、美しさや個性を演出する
メイクアップ化粧品。
その配合成分の主体はさまざまな着色料です。
華やかさやナチュラルさなど、印象を操る
メイクアップのための着色料を解説します。

美容成分
⑤

美しさや個性を演出する

メイクアップ化粧品

メイクアップの歴史は「色」から始まった

日本におけるメイクアップの歴史をひもとくと、「古事記」「日本書紀」といった古代までさかのぼることができます。そのころはまじないや魔よけといった呪術的な意味が込められたものでした。それが現代に通じる美意識に基づいた化粧になったのは、6世紀後半に大陸からもたらされた紅や白粉などの化粧品がきっかけといわれています。現在にいたるまで、メイクアップの主役は古代と同様に「色」にあるといえます。

かつては世界中で鉛など人体に有害なものが用いられたため、最悪命を落とすなど健康被害が多かったメイクアップ化粧品ですが、その後技術開発が進み、安全により美しい色や華やかな質感を楽しむことができる成分が次々と開発されています。

メイクアップ化粧品に使われる着色剤の種類

メイクアップ化粧品の「色」は次のように分類できます。

無機顔料

古代から使われてきた色材で、天然の鉱物や石、土などを粉砕した水や油に溶けない粉末。耐光性・耐熱性、隠蔽性があり、メイクアップ化粧品だけではなく日焼け止めにも使われる。

無機顔料の種類

- 白色顔料 … 白い色をつけるもの
- 着色顔料 … 白以外の色をつけるもの
- 体質顔料 … パール感やマット感など質感を与えるもの

天然色素

天然の動物、植物、鉱物などに含まれる色素のこと。合成色素が用いられるようになり使用されなくなったが「自然」「植物由来」の化粧品に使われる。

有機合成色素

無機顔料に出せない色を出すため、化学的に合成された着色料。タール色素、法定色素ともいう。

有機顔料の種類

- 有機顔料 … 水にも油にも溶けない粒子状のもの
- 有機染料 … 水または油に溶けて発色するもの

着色料以外のメイクアップ化粧品の成分とは

　メイクアップ化粧品に必要な成分は、皮膚を彩る着色料だけではありません。メイクアップ化粧品をしっかりと定着させて落ちにくくしたり、メイクアップによって皮膚が乾燥するのを防いだり、または仕上がりがムラになったりしないように着色料を分散させたりとさまざまな役割が必要になります。

　メイクアップ化粧品は基本的に粉体原料に加えて「水性成分・油性成分・界面活性剤」の3つを基本として構成されています。さらに最近は美白や保湿、エイジングケアといった効果を引き出す成分が配合されたり、紫外線防止剤が配合

されたりするなど、スキンケア効果も期待できる製品が基本になっています。ナチュラル化粧品のジャンルでも天然由来の着色料を用いたメイクアップ成分が次々と開発されています。

　また、ファンデーションの色のバリエーションが増えたり、いままでにない色味のポイントメイクアップ化粧品が登場したり、新しいパール素材が出たりなど、着色料も進化を続けています。スキンケア効果を重視するか、皮膚への優しさを大切にするか、あるいは色にこだわるか。自分の感性にあった製品を選ぶことでメイクアップはもっと楽しくなることでしょう。

❀ メイクアップ化粧品の構成成分 ❀

水性成分

水に溶けやすい成分で、固形や粉状の成分を溶かす役割をもつと同時に、皮膚を柔軟にするなどのスキンケア効果をもたらす。リキッドファンデーションには欠かせない成分。
（詳しくは43ページ〜）

油性成分

ファンデーションやアイシャドウ、口紅などさまざまなメイクアップ製品に含まれる着色料を均一に分散させる、化粧ノリをよくするなどの役割をもち、メイクアップ化粧品には欠かせない成分。皮膚の水分蒸発を防ぐとともに、柔軟にするなどのスキンケア効果をもつ。
（詳しくは43ページ〜）

界面活性剤

水性成分と油性成分を分離することなく混ぜ合わせたり、粉体を分散させて製品を一体化させる。
（詳しくは43ページ〜）

効果を引き出す成分

保湿やエイジングケアなど目的に合わせた成分が配合され、スキンケア効果をもたせる。
（詳しくは65ページ〜）

その他の成分

防腐剤や酸化防止剤、キレート剤など化粧品の品質を守る成分が配合される。
（詳しくは161ページ〜）

メイクアップ化粧品

透明感のある肌色を演出

酸化鉄

医薬部外品表示名	黄酸化鉄、黒酸化鉄
ルーツ	鉄の酸化物
着色	黄色・赤・黒色

（無機顔料／着色顔料）

　酸化鉄は安定性が高く退色しないという特性があるため、さまざまな化粧品に使われています。皮膚への密着性にすぐれ、ファンデーションへ配合すると崩れにくくなるだけでなく、透明感や明るさを演出することができます。

主な使用法

化粧下地　日焼け止め　口紅　ネイル

青みのある色をつける

グンジョウ

医薬部外品表示名	グンジョウピンク、グンジョウバイオレット
ルーツ	イオウを含んだアルミニウム、ケイ素からできた顔料
着色	青、ピンク、青紫

（無機顔料／着色顔料）

　ウルトラマリンという別称をもつ着色料です。古くは柘榴石（ガーネット）を粉砕したものを使っていましたが、現在は化学合成したものを使用しています。粒子の大きさにより色相が異なり、アイカラーなどによく使われています。

主な使用法

化粧下地　洗顔料　入浴剤　ネイル製品

古くから使われる着色料

マンガンバイオレット

ルーツ	無機マンガン塩
着色	薄紫～暗紫色

（無機顔料／着色顔料）

　19世紀に初めて作られた、安定性にすぐれた着色料です。酸化マンガンとリン酸二アンモニウムを混ぜて加熱して得られた着色料で、耐光性にすぐれているのが特徴です。薄紫から暗紫色の顔料で、アイシャドウなどによく使われています。

主な使用法

ネイル製品　メイクアップ製品

紫外線散乱剤としても活躍

酸化チタン

医薬部外品表示名	微粒子酸化チタン など
ルーツ	チタンの酸化物
着色	白色

（無機顔料／白色顔料）

　酸化チタンは可視光線の波長の光をすべて反射する性質をもっています。屈折率が高く透明性が低いため、カバー力があるのが特徴です。ほかの着色料に添加することで光を反射させ、より強く発色させる役割ももちます。

主な使用法

化粧下地　日焼け止め　洗顔料　入浴剤

メタリックな光沢があるものも

コンジョウ

ルーツ	金属酸化物由来の化合物
着色	青色～紫青色

（無機顔料／着色顔料）

　濃青色の粉末で、金属光沢のあるタイプと金属光沢のないタイプがあります。金属光沢のあるタイプはメタリックな輝きやパール感を演出するために使われます。色味の濃い青色が特徴で、アイカラーや口紅、ネイル製品に使われます。

主な使用法

ネイル製品　メイクアップ製品

天然由来の黒色

炭

医薬部外品表示名	薬用炭
ルーツ	木材または竹などを加熱して得られる乾燥した炭化物
着色	黒色

（無機顔料／着色顔料）

　木材や竹などを燃やして出来上がったもので、微細な粉末にしたものが黒色顔料として使われます。炭の表面には微細な穴が無数に空いているため、汚れを吸着する洗浄効果や、球状にしてスクラブ剤やピーリング製品に配合されます。

主な使用法

洗顔料　シャンプー　スクラブ製品

少量でもしっかり黒色が着く

カーボンブラック

ルーツ	炭化水素の不完全燃焼により得られる単体炭素
着色	黒色

　黒色の微粒子粉末です。黒の着色料には黒酸化鉄、炭などがありますが、それらに比べて着色力が強いため、少量の配合でも効果的に発色するのが特徴です。メイクアップ化粧品のほか、ヘアカラーなどにも配合されています。

主な使用法
医薬品　メイクアップ製品　ヘアカラー

サラサラの仕上がりを実現

炭酸Ca

医薬部外品表示名	炭酸カルシウム、重質炭酸カルシウム など
ルーツ	炭酸のカルシウム塩
着色	無色

　パウダリーファンデーションや白粉に配合して透明感のある仕上がりを演出する、均一な仕上がりにする目的で配合されます。多孔質の粉末なため、皮脂を吸着させてサラサラとした仕上がりにしたり、化粧もちをよくしたりする役割もあります。

主な使用法
食品　医薬品

緑色のメイクアップ製品に使われる

酸化クロム

ルーツ	クロムの酸化物
着色	緑色

　酸化クロムは暗緑色の粉体で、アイシャドウなどグリーン系のポイントメイク製品や、ファンデーション、コンシーラーの色をつくる目的で使われます。最近ではマスカラも色のバリエーションが増えたため、使用される範囲が広くなっています。

主な使用法
洗顔料　化粧下地

滑らかな感触もプラス

タルク

ルーツ	天然の含水ケイ酸マグネシウム
着色	無色

　ほかの着色料の色を薄めつつ均一な仕上がりにするために配合される体質顔料です。別称「滑石」というほどすべるように広がるのが特徴で、肌に乗せたとき伸びやすくするために、フェイスパウダーやファンデーションに配合されます。

主な使用法
化粧下地　ネイル製品　洗顔料

クレイパックにも使われる粘土鉱物

カオリン

ルーツ	天然の含水ケイ酸アルミニウム
着色	無色

　ほかの粉体が肌に密着するのを助けたり、着色剤の色を薄めたりする役割で配合されます。パウダー系のメイクアップ化粧品やコンシーラー、白粉、化粧下地に対ししっとりとした感触を与えるため、タルクと混合されて使用されます。

主な使用法
食品　医薬品

パール顔料の副産物

酸化スズ

ルーツ	木材または竹などを加熱して得られる乾燥した炭化物
着色	無色

　パール顔料の製造過程で必要な成分です。肌には影響がないのでコストをかけて無理に取り除かず、そのまま原料の中に残っていることが多いため、全成分リストに表示されます。化粧品として意味がある成分ではありません。

主な使用法
日焼け止め　ネイル製品

メイクアップ化粧品

ふんわりとした仕上がりを実現

シリカ

医薬部外品表示名	無水ケイ酸 など	無機顔料	体質顔料
ルーツ	無機酸化物		
着色	無色		

　自然界では石英、メノウ、珪藻土から得られる白色またはやや青みを帯びた粉体です。吸湿性が高くパウダー系化粧品に滑らかな使用感を与え、プレス製品にふんわりとした感触の仕上がりや透明感のあるカバー力を実現します。

主な使用法

化粧下地　ネイル製品　洗顔料　入浴剤

キラキラ効果ナンバーワン

Al

医薬部外品表示名	アルミニウム末	無機顔料	体質顔料
ルーツ	金属元素、アルミニウム		
着色	無色		

　アルミニウム箔を細分化した鱗片状粉末で、光をよく反射してメタリックな銀色の光沢をもちます。アイカラーやネイルカラーに配合されて、金属のような輝きを演出します。ほかの着色料と混合して使われることも多い顔料です。

主な使用法

食品の装飾

キラキラとした輝きを与える

ホウケイ酸ガラス類

化粧品表示例	ホウケイ酸(Ca/Al) など	無機顔料	体質顔料
ルーツ	非晶質体の多様性のあるガラス		
着色	無色		

　非常に細かく滑らかで透明度の高いガラスビーズで、尖った部分を丸くするなど皮膚への安全性に配慮した加工がなされています。メタリックな金属光沢やさまざまな色のパール光沢を演出するため、メイクアップ製品に配合されます。

主な使用法

ネイル製品

褐色に色付けする天然素材

カラメル

ルーツ	ブドウ糖、水あめなどの糖類を加熱分解させて得られる液体	染料
着色	褐色	

　糖を加熱して得られる食品として古くから利用されてきました。化粧品としては水に溶ける天然色素として使われ、薄い褐色やほかの色素と混ぜて微妙な色彩を演出します。メイクアップ製品だけでなくスキンケア製品にも幅広く使われます。

主な使用法

食品　医薬品添加

光沢演出の切り札

合成フルオロフロゴパイト

医薬部外品表示名	合成金雲母	無機顔料	体質顔料
ルーツ	無水ケイ酸、酸化アルミニウムなどを混合したもの		
着色	無色		

　別称「合成マイカ」。天然マイカと比べて不純物が少なく、透明度が高いため皮脂や汗に濡れても変色せず、くすみにくいのが特徴です。光沢が強いため、光沢やツヤ感を演出するためアイシャドウや口紅などに配合されます。

主な使用法

化粧下地

真珠のような光沢

オキシ塩化ビスマス

ルーツ	ビスマスのオキシ塩化物	無機顔料	着色顔料
着色	無色		

　パール光沢があり、白色から薄い黄灰色の四角または八角板状の結晶体です。小さな顔料のため、ソフトで滑らかな真珠のような輝きが得られます。沈殿しやすいので、液状の製品よりもアイシャドウなど固形状の製品に使われます。

主な使用法

化粧下地　ネイル製品

窒化ホウ素

ルーツ	ホウ素および尿素の混合物を加熱合成して得られた粉末
着色	無色

　窒化ホウ素は合成される層状の微粉末セラミックで特定の方向に裂けるように割れる性質があります。そのため滑らかにスライドするような感触と独特の光沢があるのが特徴です。ファンデーションに配合して自然なツヤを与えるなど、光沢やツヤ感を付与する目的でフェイスパウダーやコンシーラーに使われます。

主な使用法

`日焼け止め`　`化粧下地`

カルミン

ルーツ	コチニールのアルミニウムレーキ
着色	赤～暗赤色

　雌のエンジムシから得たカルミン酸をアルミニウム、またはアルミニウムとカルシウムを反応させた粉末や結晶性の粉末です。赤色から暗赤色の粉末で、赤色の着色やほかの着色剤と組み合わせてさまざまな色をつける目的で口紅やチークカラーなどに使われます。

主な使用法

`医薬品添加剤`

法定色素

医薬部外品表示名	法定色素

着色

黄色系
黄203、黄4、黄5

青色系
青1、青404

赤色系
赤104(1)、赤201、赤202、赤218、赤220、赤223、赤226、赤227、赤228、赤230(1)、赤504

橙色系
橙201、橙205

　天然に存在する着色成分は種類が限られており、色数に限りがあります。そこで、用途に応じてより多くの色をつけるために合成されたのが法定色素です。医薬品、医薬部外品、化粧品に使用することができる有機合成色素（タール色素）を指し、1966年に厚生労働省により定められました。

　法定色素は用途によって3グループに分類されますが、主に化粧品に使われているのは、左記の18種類です。

分類	数	詳細
グループ I	11	すべての医薬品、医薬部外品、化粧品に使用できるもの。
グループ II	47	外用医薬品、外用医薬部外品、化粧品に使用できるもの。
グループ III	25	粘膜に使用されることがない外用医薬品、外用医薬部外品、化粧品に使用できるもの。

メイクアップ化粧品

メイクアップ成分 まとめ

メイクアップ化粧品の役割は顔を彩り、美しさや個性を演出すること。
そのために欠かせないのが、
さまざまな色や質感を与える着色料です。

近年ではメイクアップをしたことで皮膚にトラブルが出ないようにするため、あるいはメイクアップをすることで皮膚をより健康にするために、さまざまな効果を引き出す成分が配合されており、近年はますますその傾向が高まっています。好みの仕上がりを実現するため、発色や質感にこだわる、スキンケア効果を重視する、あるいはナチュラル成分が配合されているかどうかに注目するなど、どのような製品を選ぶかは人それぞれ。実際に試してみて、自分の嗜好に合う製品を選びましょう。ここではメイクアップ化粧品のメイン成分、着色料についておさらいします。

無機顔料

天然の鉱物や石、土などを粉砕した水や油に溶けない粉末。白色顔料・着色顔料・体質顔料に分類できる。

有機合成色素

無機顔料に出せない色を出すため科学的に合成された着色料。有機顔料、染料に分類できる。タール色素とも呼ばれる。

天然色素

天然の動物、植物、鉱物などに含まれる色素のこと。「自然派」「植物派」の化粧品に使われる。

化粧品ガイド&
美容Q&A

きれいな肌になるには
化粧品の知識だけではなく実践も重要です。
ここでは独自の視点で選んだ化粧品と、
よくある疑問にフォーカスしました。
日々のスキンケアに役立ててください。

Longseller

ロングセラー化粧品

次々と新しい商品が誕生する中で10年以上にわたり愛用され、
支持され続けている商品には力があります。
リニューアルしてもコンセプトや商品名に継続性があるものを
「ロングセラー商品」と定義して紹介します。

セレクト・コメント/岡部美代治

 化粧水 *Lotion*

世界的に見て日本人は化粧水の
ヘビーユーザー。そのせいもあり
海外ブランドに比べて国内ブランドには
化粧水のロングセラー商品がたくさんあるのが
特徴です。

1974年〜

アルビオン
薬用 スキンコンディショナー
エッセンシャル N 医薬部外品

ハトムギ化粧水として売れ続けて
いる白濁の化粧水。みずみずしい
感触が滑らかでうるおいのある肌
に変わる使用感が特長のひとつ。
クセになる香りも、リピーターが
後を絶たない理由。

 1985年〜

コーセー
薬用 雪肌精 医薬部外品

雪のような透明感のある肌を目指し、
ハトムギなど和漢植物を配合。薬瓶
をイメージする瑠璃色のボトルデザイ
ンで発売以来のロングセラー。愛用
者は日本だけでなく世界中に。

 1897年〜

SHISEIDO
オイデルミン
エッセンスローション

誕生は明治時代。1980年代まで続い
たバラのラベルは一新しつつ、赤のイ
メージは継承。発売当初から最先端技
術を導入し、今回化粧水を超えた化粧
液に生まれ変わった。120年におよぶ奇
跡のロングセラー。

2002年〜

イプサ
ザ・タイムR アクア 医薬部外品

初代からリニューアルを重ねて4代目。
肌の水分補給をとことん追求した水ト
リートメントのスペシャリスト。水をイ
メージした曲線的な容器からみずみず
しい使用感まで、水づくしといえる。

SK-II
フェイシャル トリートメント エッセンス

発売当初は商品の匂いが話題に。その匂いこそが効果の証という賞賛に変わり、ロングセラーに。独自成分ピテラの継続的な研究成果が応用され、海外のファンも多い。

1980 年～

メナード
薬用 ビューネ
医薬部外品

1989 年～

美人の湯の研究を原点にして生まれた、すべすべの肌に導く薬用プレ化粧水。ニキビや肌荒れ予防のスペシャリストとして肌悩みを抱える人たちに愛され続けている。

クリニーク
クラリファイング ローション
医薬部外品

1968 年～

ブランド誕生と共に生まれたロングセラー化粧水。全6種から肌タイプに合わせて選べるのも画期的。不要な汚れを拭き取るという美容理論は、常に安全性と有用性に裏付けられている。

ネイチャーコンク
薬用 クリアローション
医薬部外品
ナリス化粧品

2013 年～

見過ごされがちな「角質ケア」に注目した拭き取り化粧水。常に配合成分と使用感の向上を目指して進化し続けるロングセラー。ネイチャーコンクというネーミングも普遍的。

Cleansingoil
クレンジング オイル

ロングセラーのクレンジングオイルには、ただ落とすだけではなくトリートメント性があるのが特徴といえます。

2009 年～

THREE
バランシング クレンジングオイル N

植物オイルと植物エキスを配合し、高い洗浄力と美容液のようなトリートメント力をもつブランドの代表商品。ブランドデビュー以来、愛用者を増やし続けている。

2023年7月現在の情報です。　商品のお問い合わせ先は254ページに掲載しています。
※ 年号はアイテムがデビューした年を入れています。

ロングセラー化粧品

美容液 *Serum*

美容液には海外ブランドのロングセラー化粧品が多いのが特徴。
日本のロングセラー美容液は技術の国ならではの
技術的思考が色濃く出た銘品がそろっています。

1992年～

2009年～

1982年～

コスメデコルテ
リポソーム アドバンスト
リペアセラム

多重層リポソームを安定配合し、
商品名にリポソームを付けるだけ
の自信作。発売以来常に進化を
続け、ほかに追随を許さない独自
技術でアイテム群も拡大中。

ランコム
ジェニフィック アドバンスト N

最新の技術と身近な皮膚常在菌(美肌
菌)の研究に基づいた肌の守護神。み
ずみずしい使用感は日本人のための特
別開発。発売以来、美容液で強い人気
を保ち続けている。

エスティ ローダー
アドバンス ナイト リペア SMR
コンプレックス

日中のダメージを夜に回復する、まさに
美肌は夜作られるというコンセプトで誕
生。アップグレードを続けながらも肌な
じみのよいテクスチャーは変わらずに引
き継がれている。美容液の初代チャン
ピオン。

クラランス
ダブル セーラム EX

水系と油系の植物由来成分を使用時に
混合して乳化して使うパイオニア。一押
しで混合されて出る2本一体型ポンプ
容器も開発され、常に進化し続けてい
る。初代が誕生して以来8代目となる。

1985年～

ポーラ
ホワイトショット SXS 医薬部外品

ルシノールという独自の美白有効成分はシミのスナイパーのような存在。常に最新の研究成果と技術を搭載しながら業界トップクラスに輝き、厚い信頼を得ている。

1998年〜

2005年〜

HAKU
メラノフォーカスEV 医薬部外品
資生堂

ブランド名HAKU（白）、純白の容器デザインにも美白美０にじむ。シミ予防の美白美容液として誕生以来、業界のリーダーとして君臨している。

タカミ
タカミスキンピール

美容クリニックならではの発想で、肌の生まれ変わりのリズム（代謝）を整えるレシピをもつ。角質美容水というコンセプトも特長。

Milky Lotion

乳液＆クリーム

効果にこだわり、テクスチャーにこだわる。それがロングセラー乳液、ロングセラークリームの特徴といえます。

2001年〜

1999年〜

1980年〜

アクセーヌ
モイスト
バランスジェル

肌にのせると溶け込むように浸透。セラミドの機能に注目したシンプルな処方で肌内部に水分をキープ。特に敏感肌の人に愛され、一度使ったら手放せないと賞賛されている。

ラ・メール
クレーム ドゥ・ラ・メール

商品名「海（ラ・メール）」が示すとおり、海の恵みより生み出したミラクル ブロス™*を美容成分として採用。日本上陸以来ロングセラーを続けているブランドのアイコン的製品。
※ジャイアント シーケルプ（海藻）などからなる独自の保湿成分。

シスレー
エコロジカル
コムパウンド
アドバンスト
シスレージャパン

シスレーというブランドのアイコン的存在。美容乳液といわれるように水分油分バランスの取れた処方で、スキンケア常備品の地位を不動のものにした。世界的に美容乳液を広げた逸品。

Newcomer

ニューカマー化粧品

新しい価値をつくった、可能性を広げるパワーがある。
将来ロングセラーの予感がある……。
そんな期待の新星を集めました。

セレクト・コメント/岡部美代治

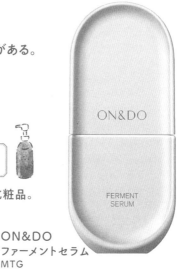

日本の原料、資材にこだわったブランド

日本人にとってなじみの深い原料や資材を使った化粧品。
ホッとするような安心感が気持ちをほぐし、
スキンケア効果を高めてくれそう。

ON&DO
ファーメントセラム
MTG

免疫や水分量などに関わる肌の温度サイクルに着目した美容液。疑似バリアを形成して細胞活性を目指し、バランスのとれた肌に。熱エネルギーの源・五島椿花酵母の働きから独自の美容成分「温酵母」を誕生させた。

Waphyto
ボディクリーム バランス

愛知県東三河で無農薬栽培した和の植物を使用。東洋医学の気血水論に着目した3つの香りでメンタルを整える。容器を手に取ったときのフィット感が心地よい。

アルジェラン
モイストクリア
ダブルブースターセラム
マツキヨココカラ&カンパニー

炭酸と組み合わせた導入美容液は、みずみずしい泡で心地よい使用感。トリートメント効果もしっかり実感できる。国内原料にこだわり、SDGsの哲学を貫く姿勢を高く評価したい。

SHIRO
がごめ昆布美容液

北海道函館市近海でのみ採取できるがごめ昆布エキスを活かしきった唯一無二の美容液。糸を引くほどのとろみにハマったリピーターが続出。使用後のうるおいとハリに注目。

Cosmetics

製薬会社の本気スキンケアブランド

製薬会社が続々と化粧品の市場に参入。
さまざまな肌悩みに対し、「改善を目指す」に
特化した頼もしさに期待が高まります。

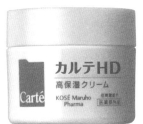

カルテHD
モイスチュア クリーム
医薬部外品

コーセー マルホ ファーマ

医薬品から薬用化粧品として広くヘパリン類似物質HDを普及させた功労者。肌荒れから救われた人も多いはず。調子を落とした肌を包み込んでうるおい効果を密閉する。

サクラエ
ダブルアクションセラム　医薬部外品
大塚製薬

独自有効成分AMPを駆使する開発技術がレベルアップ。肌の中で「生まれるメラニン」と「溜まるメラニン」に着目し、ダブルの有効成分で美白を目指す。

アドライズ
アクティブクリーム
医薬部外品

大正製薬

大正製薬の開発部隊が本気で取り組んだクリーム。ヘパリン類似物質とプラセンタエキスの組み合わせで高い保湿力を実現。つけ心地が軽く、季節を選ばず使える。

SKIO
VCクレンジングバーム
ロート製薬

ビタミンCと酵素配合の商品だと一目でわかる容器のカラー。使用後の肌もスッキリ。メイクも毛穴の汚れも落とす使用実感は止められない美容習慣となる。

メディプラス
メディプラスゲル

超音波画像診断で使われていた敏感肌にも優しいエコージェルから着想したゲル。他社ではまねのできないオゾンをグリセリンに反応させた独自のオゾン化グリセリンで乾燥しない肌に。

成分に特徴のあるブランド＆アイテム

**効果実感が得られる美容成分がキーポイントの
化粧品の数々。**

N organic
Vie リンクルパック エッセンス
シロク

美容成分の植物由来バクチオール配
合。みずみずしい感触で目元、口元だ
けでなくすべてのシワが気になる部位に
使用可能。金属製のヘッドが、ひんやり
気持ちよい。

Mitea ORGANIC
ホワイトニングセラムローション
医薬部外品

20種類のオーガニック植物エキスと植物
性持続型ビタミンCがコラボ。肌なじみの
よいとろみのあるローションが理屈抜き
に効果を期待させる。高いコスパもイン
パクト大。

athletia
**リフレッシング
デオドラントミスト**
医薬部外品

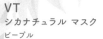

サクラ葉エキスやビワ葉エキスなどの植
物由来の保湿成分を配合。香りから使用
感までクセになるデオドラントミスト（制
汗アルミニウム塩非配合）。気持ちよいミ
ストがミント畑にいるような爽快感をもた
らす。パウダーフリーで白浮きしない。

VT
シカナチュラル マスク
ピープル

大ブームとなったCICA（シカ）配合ブラ
ンドからナチュラル処方の新シリーズが
誕生。1日1枚、手間入らずの時短ケア
をコンセプトにしたシートマスク。滑ら
か肌が持続する。

ポーラ
リンクルショット
メディカル セラム
医薬部外品

日本で初めて「シワ改善」で医薬部
外品を取得。独自成分のニールワ
ンを配合し、効果実感の高さでほ
かの追随を許さない。進化の歩み
を止めないエイジングケアセラム。

ドランク エレファント
プロティニ ポリペプチド クリーム

一度聞いたら忘れられないインパクト大のブラン
ド名。9種類のペプチドとアミノ酸などが配合さ
れ、軽いテクスチャーでツヤ肌に導く。先回りのエ
イジングケアにも。

Celvoke
カームブライトニング
クレンジングオイル

ストレスフルな肌を、ゆったり
と穏やかにいたわるブランド
ポリシー。高配合された国産
ヒエヌカオイルを始めとする
植物オイルが、ごわつきやく
すみを優しくオフ。洗顔後も
うるおいが続く。

SISI
High Jump30

多忙な現代人に向けて「1回
使えばわかる化粧品」を目指
す。30％の高濃度ビタミンC
誘導体を配合した美容液は
まさにコンセプトに沿った一
品。心地よい使用感も魅力。

メディプローラー
CO2ジェルマスク
メディオン・リサーチ・ラボラトリーズ

1997年にサロン用とした誕生した炭酸パック
のパイオニアブランド。使用する直前にジェル
とパウダーを混ぜ合わせて新鮮な高濃度炭酸
を発生させる。うるおいに満ちた充実肌に。

Natural C

ナチュラル成分化粧品

ひところよりライトなユーザーが増えたナチュラル成分の化粧品。
穏やかな使い心地だけでなく香りにも魅かれる商品を紹介します。

セレクト・コメント/岡部美代治

コメ発酵エキス

日本人の愛着深いコメを活用した化粧品がバラエティ豊かに進化。
優しい香りと柔らかな質感で幅広い層のユーザーをとりこにしています。

米肌
肌潤化粧水
コーセープロビジョン

ライスパワーNo.11を始めとする役割の異なる美容成分がうるおいをデリバリー。さらにとろみ成分で肌にヴェールをかける。コメの有用性を追求したスキンケア開発意欲は屈指。

ライース®リペア
インナーモイスチュア
ローションNo.11
医薬部外品
勇心酒造

とろみのある質感で、肌になじませると素早く浸透。内側のうるおいを感じる処方にコメを知り尽くした酒造りの発酵技術が光る。ライスパワーの開発と裏付け力に職人気質を感じる。

アスタキサンチン

赤い色が特徴的な美容成分は海から得られる
動物由来と植物由来の2種類が。

アスタリフト
ジェリー アクアリスタ 医薬部外品
富士フイルム

独自のナノテクノロジーとセラミド研究がさらに進化。ナノサイズのセラミドとアスタキサンチン、リコピンを配合して高浸透のジェリーに。みずみずしい感触で深くうるおう肌に導く。

ONE BY KOSÉ
ザ リンクレス S
医薬部外品
コーセー

シワ改善と美白ケアをかなえてくれるナイアシンアミドをサポートするのは、オリジナル成分の高濃度アスタキサンチン。成分の存在感を引き出す処方が光る。

osmetics

ハチミツ

花とミツバチ、二つのパワーの相乗作用で高い美容・健康効果が得られるハチミツ。
効果実感と肌への優しさに定評があり、信頼が厚い製品が揃っています。

HACCI
はちみつ洗顔石けん

ブランド名に蜂を採用するほどハチミツの魅力を伝える商品づくりは見事！ ぽってりと重くきめ細かい泡のとりこになる人続出。ギフトにも選ばれるほどの大人気。

山田養蜂場
RJクリームN

養蜂場だから実現した研究成果がこのクリームに結実。ローヤルゼリー由来成分、ハチミツ発酵液などを配合した独自のコスメレシピはまさに技術の集大成といえる。

シルク

滑らかでうっとりするようなツヤを生み出すのはシルクプロテイン。
絹のような肌を目指す化粧品を集めました。

タッチャ
シルク クリーム
タッチャ ジャパン

日本文化をリスペクトする創始者が日本の美容法に着目。艶やかで透明感のあるシルクのような肌を目指すクリームをつくり上げた。手応えあるリッチなうるおい肌に導く。

SENSAI
AS イルミナティブクリーム 医薬部外品
カネボウ化粧品

小石丸シルクを美容成分化。しなやかな質感、滑らかな手触り、上品なツヤを目指したていねいなつくり込みで極上クリームが完成。ナイアシンアミド配合でシミ、シワにもアプローチ。

アロエエキス

昔から民間薬の代表といえる植物も、
化粧品業界では年々進化を遂げています。
確かな手応えと肌への優しさを両立した製品です。

クリニーク
モイスチャー サージ ジェルクリーム 100H

長年アロエの保水力に着目してきたロングセラーのジェルクリームがさらに進化。独自のアロエ成分を配合し、角層深くまで浸透する深いうるおいを実現。キメの整った肌へ導く。

オタネニンジンエキス

「高麗人参」の別称の方がよく知られている伝統的な漢方薬の有効成分。
エイジングケアの切り札として信頼を集めています。
効果実感が選ばれる理由です。

**ドモホルンリンクル
保湿液**
再春館製薬所

漢方の製薬会社だからこそ、植
物の生命力を知り尽くす。21種
類の天然由来の保湿成分も配
合し、吸い付くようなうるおい
肌の実現を目指している。妥協
のない開発力でほかにはない化
粧水に。

**シュウ ウエムラ
アルティム8∞
スブリム ビューティ
クレンジング オイル**

日本産椿オイルを始めとするス
キンケア成分を約75%配合。メイ
クを落とすたびに美肌に近づ
くというクレンジングオイルの最
高峰。W洗顔不要でとことん肌
に優しい処方。

サフラン

高級スパイスとして知られるサフラン。
その高い美容効果に注目が集まっています。
とくに期待されるのはエイジングケアへのアプローチ。
肌を目覚めさせる商品が目白押しです。

**YSL
オールージュ ラ クレーム エサンシエル**
イヴ・サンローラン・ボーテ

モロッコの独自庭園で栽培されたサフランのめしべ
を抽出し、贅沢に配合。肌につけると3段階で変わ
るテクスチャーが五感に響き、うっとりするようなつ
け心地を堪能できる。

**シン ピュルテ
ハイドレイティング ローション a**

肌フローラに着目した高浸透ロー
ション。空気中の水分を引き込む
チコリ根エキスなどの美容成分が
配合されている。廃棄されるサフ
ランの花を活用したサフランエキ
スの存在感は抜群。

オリーブ

世界中で愛用されているオリーブ。
高い抗酸化力と保湿力でさまざまな化粧品に活用されています。
スキンケアを完結させる「オイル美容」の主役を紹介します。

DHC
オリーブ バージンオイル

「バージンオイル」の存在と、良質なオイルが肌にもたらす恩恵を世に知らしめた一品。今では定番となった「オイル美容」はここから始まった。

草花木果
オリーブの肌和み
整肌美容ミスト
キナリ

オイルと美容液の2層式ミストで肌荒れから毛穴の悩みまでにアプローチ。日本で初めて富士山オリーブジュース※を配合したほか、さまざまな植物由来成分を配合した和みの一品。
※オリーブ果汁（整肌成分）

ツバキ

日本では昔から艶やかな髪をつくるとして愛用されてきた天然オイル。
いまも主流はヘアオイルですが、肌に使える商品が誕生しています。

五島の椿
椿酵母オイル（フェイス）

長崎県五島列島の椿に敬愛を込めてつくり上げた美容オイル。椿オイルに発酵技術をプラスして、より高い価値の美容成分として磨き上げた。伸びのよい一滴でツヤ肌へと導く。

NEMOHAMO
ブースターオイル

ツバキやコメヌカ、オタネニンジンなどを非加熱圧搾で精製したオイル。洗顔後すぐの肌に使うことでそのあとに使う化粧品の力をより高めてくれる。まさに肌を目覚めさせるブースター。

カミツレエキス

古くから数多くの化粧品に用いられてきたカミツレの花。
保湿、抗炎症、抗酸化などの作用で開発者の心をつかみ、
いまも多くの化粧品に使われています。

アルブラン
ザ エマルジョン 医薬部外品
花王

カミツレを精製し、有効成分にしたカモミラET®を配合。肌質に合わせて全4タイプ。コクがあるのに肌へのなじみがいい使用感や、使うごとに透明感が感じられる処方設計にメーカーの技術力が結集されている。

239

Q&A

普段使っている化粧品やいつも行っているスキンケア方法、
「これで本当にいいのかな?」と疑問に思うことはあるでしょう。
美容とメンタルは深いつながりがあります。
不安を抱きながらのスキンケアでは効果が落ちてしまうかも。
そこで、よくある質問に答えてみました。ぜひ参考にしてください。

Q1
なにを使ってもピンときません。
最高の化粧品はどうやって見つければいい?

A
自分の肌タイプを知ることが重要
まずは肌質診断を!

「おすすめの化粧品は?」という質問をよく耳にしますが、結論からいえば自分に
合った化粧品がベストの化粧品。「自分に合った」とはあいまいな表現ですが、
まず自分の肌質に合っていること。肌質診断(28ページ)を行うのはもちろんです
が、季節ごとに肌質が変わることもあるので、いつもの化粧品がしっくりこない
と感じたら、再度肌質診断を行うことをおすすめします。さらに、感触や香りも
重要です。テスターで試したとき、好きという感情が湧いたり、使ったときにいい
気分になったりする製品を見つけましょう。効果効能だけで選んでいると、いい
化粧品に巡り合うチャンスが少なくなります。テスターなどを使ったときにひらめ
いた自分の感性を大切にして、最高の化粧品をみつけましょう。

去年の日焼け止め、使っても大丈夫？

変質していなければ
去年の化粧品を使っても問題ありません。
ただし保管方法が重要です

化粧品は通常の保管方法で3年以内に変質するものは有効期限の表示が義務付けられています。つまり、有効期限が表示されていない製品なら未開封で3年は変質しないと考えてよいということ。ふたがきちんとされており、中身が変色や分離、変臭がしていなければ使えます。ただし日の当たる場所や熱い場所に置いている、ふたがゆるんでいるなど保管方法が悪い場合は当てはまりません。変色や分離などの変質がある製品は使用を中止しましょう。

化粧品を変えたら肌がかぶれました。
有害な成分が入っていたのでしょうか？

基本的に人体に有害な成分は
化粧品に配合しませんが、トラブルが出たら、
使用を控え、様子を見ましょう

かぶれは化学物質などに触れることで湿疹や赤みが出るなどの症状を起こす接触性皮膚炎を指します。化粧品は製品化にあたりさまざまな安全性テストを行っています。それでも個人差があるため、かぶれが起きる可能性はゼロにはなりません。もし化粧品が原因と思われたのなら、使用を控えて様子を見ましょう。回復が遅い場合は化粧品メーカーの相談窓口に連絡してください。

Q4 シミがぽろっと取れるクリームは
ありますか?

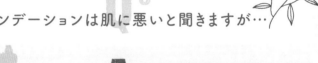

化粧品ではありえません。
正しい知識を身につけて虚偽広告を見抜きましょう

つけてこするとシミがぽろっと取れる、塗ってしばらく置いてから拭き取ると毛穴の汚れがきれいに落ちる……インターネット上にはこうした広告が流れています。もし本当なら夢のようですが、結論からいえばそうした効果がある化粧品はありません。何かを塗っただけで肌悩みがなくなるということはなく、もしそれが可能なら皮膚に深刻なダメージが及ぶはずです。虚偽広告に惑わされないためには、正しい皮膚の構造や働きを理解することがとても重要です。

Q5 ファンデーションは肌に悪いと聞きますが…

化粧品の技術は日進月歩。
むしろメイクをしたほうが肌によいのです

ファンデーションは肌に負担と思っている、あるいはつけた感触が苦手と感じる人がいます。しかし、いまはスキンケア効果のあるものや、つけ心地が軽いもの、さらにいまの時代に必須の紫外線防止効果がある製品がたくさん販売されています。しっかりメイクが苦手なら、メイクアップ効果のある日焼け止めやクリームもあります。メイクは肌に悪いという説は過去のもの。外部の刺激から肌を守るためにはメイクをしたほうがよい、それがいまの常識です。

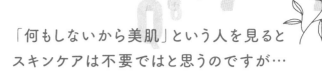

「何もしないから美肌」という人を見ると
スキンケアは不要ではと思うのですが…

**遺伝的に皮膚が丈夫な人はいますが
スキンケアはしたほうがよいです**

風邪を引きにくい人がいるように、生まれつき皮膚が丈夫な人や、もともと脂性肌
だったので年齢を重ねても皮脂分泌量が多く肌にツヤがあるという人はいます。そ
うした人は「洗顔と日焼け止め以外何もしない」というのに美肌ということもある
かもしれません。しかしそれはあくまでも「その人だから」ということ。ほかの人の
方法を真似したらその人と同じような肌になれるわけではありません。自分の皮膚
の状態に合わせたスキンケアは健康と美容を保つために有用です。

化粧水はA社、乳液はB社などと
アイテムごとにメーカーを変えてもいい？

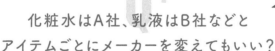

**ライン使いで最大限の効果が出る設計の
化粧品は意外なほど多いのです**

もちろん、すべてのスキンケア製品を同じブランドでそろえなければ効果が出な
い、ということはありません。ただ、化粧品開発者の多くは全種類同ブランドでそ
ろえた、いわゆるライン使いで最大限の効果が出るように設計している、というこ
とは知っておきましょう。リニューアルや、新ブランドが出たときは、ライン使いの
ほうが効果を実感しやすいかもしれません。

洗顔と化粧水だけのシンプルケアが
ベストって本当?

A

「シンプルケア」を勘違いしていませんか?
スキンケアの意味を理解しましょう

スキンケアのステップには次のようにそれぞれ意味があります。

1	2	3
洗顔で皮膚についた汚れや皮脂を落として清浄にする。	化粧水で角層に水分を与えキメを整える。	乳液やクリームなどの油分で水分の蒸発を防ぐ。

さらに、肌悩みの解決を目指す美容液や化粧品の浸透を高める導入化粧品などをプラスするなど、個人の理想に向けて化粧品を追加することはありますが、少なくとも①〜③のステップは必要です。つまり「シンプルケア」とは「洗顔料・化粧水・乳液またはクリーム」の3つで行うスキンケアということになります。決して「化粧水だけ」「洗顔だけ」「何もしない」ということではありませんので、くれぐれもご注意ください。

高機能化粧品を使うと肌が怠けて
機能が衰えるって本当？

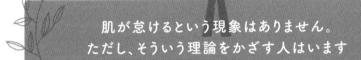

肌が怠けるという現象はありません。
ただし、そういう理論をかざす人はいます

高い化粧品を使うと肌が怠ける、何もしないほうが皮膚は鍛えられるといったスパルタなスキンケアを提唱する人はいますが、科学的な根拠はありません。それはあくまでもその人個人にとって正解だったというだけで、すべての人に当てはまることではありません。肌が乾燥していたら水分と油分を与えるなど、自分の肌をよく観察して適切な化粧品を使ったケアをすることが重要です。

クレンジングあとのダブル洗顔は
乾燥の原因になる？

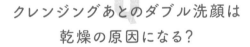

ダブル洗顔が必要なタイプと不要な
タイプがあります。使用法を守ることが第一

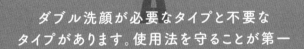

クレンジングのあとに洗顔をするダブルクレンジングは、肌の汚れをていねいに落とすための大切なステップ。肌を傷める原因にはなりません。クレンジング剤を使ったあと、水をなじませたときに白く乳化しないのはダブル洗顔が必要なタイプで、使用法にもその旨が明記されているはずです。どのような製品にしろ、使用法は必ず守りましょう。また、どのような製品を使ったとしても洗顔後の保湿が重要だということはいうまでもありません。

Q11

信頼できるのは
広告よりもインターネットの口コミ？

口コミが常に正しいわけではありません。
発信者の信頼性によります

「広告は美辞麗句を並べているだけ、口コミのほうが信頼できる」。これは以前からある意見でした。SNSの時代、口コミを装うことで一般の人が広告費を得る例が増えてきました。そもそも誰かにとってのいい製品が自分にとってもそうだとは限りませんし、正しい美容知識を備えた人の発信なのかもわかりません。信頼できる情報を見つけるのが難しい時代だからこそ、できるだけ多くの情報に触れ、自分で実際に使ってみて感じるなどの実体験が重要です。

Q12

化粧品売り場に行くと何か買わされそうで
Uターン…うまく付き合う方法は？

まずは自分の要望と予算をはっきりと
伝えるのがおすすめです

BA(ビューティーアドバイザー・美容部員)はそのブランドの化粧品についてのスペシャリスト。これほど強い味方はいません。ただ無目的に覗くのではなく、「化粧水を変えたい」「シミが気になる」など要望をきちんと伝えましょう。その際、予算を伝えるとその範囲内で紹介してくれます。そして、いくつか商品を紹介されたらサンプルをもらうことをおすすめします。実際に使ってみて自分に合うことを確かめてから、購入するのが賢い消費者です。

INDEX 成分の詳細な解説があるページは冒頭に太字で掲載しています。

248

参考文献

「香りを楽しむ 特徴がわかる アロマ図鑑」（アネルズあづさ著・ナツメ社）
「いちばん詳しくて、わかりやすい!アロマテラピーの教科書」（和田文緒著・新星出版社）
「香の力でセルフケア　すべてがわかるアロマテラピー」（塩屋紹子著・朝日新聞出版）
「化粧品成分ガイド第7版」（宇山侊男/岡部美代治/久光一誠編著・フレグランスジャーナル社）

お問い合わせ先

ア

アイム
0120·59·3737

アクセーヌ
0120·12·0783

athletia
0120·22·0415

アリエルトレーディング
0120·20·1790

アルビオン
0120·11·4225

RMK Division
0120·98·8271

イヴ・サンローラン・ボーテ
0120·52·6333

イプサお客さま窓口
0120·52·3543

イミュ
0120·37·1367

SKII
0120·02·1325

エスティ ローダー
☎0570·003·770

ETVOS
0120·04·7780

MTG お客様相談室
0120·46·7222

エリクシールお客様窓口
0120·77·0933

オルビス
0120·01·0010

大塚製薬 サクラエ
0120·39·6234

カ

花王
0120·16·5691

花王（キュレル）
0120·16·5698

カネボウインターナショナルDiv.
0120·51·8520

カネボウ化粧品
0120·51·8520

キナリお客さまセンター
0120·47·8910

クラランス カスタマーケア
☎050·3198·9361

クリニーク お客様相談室
☎0570·003·770

コーセー
0120·52·6311

コーセー プロビジョン
お問い合わせ窓口
0120·01·8755

コーセー マルホ ファーマ
0120·00·8873

コスメデコルテ
0120·76·3325

サ

五島の椿
0120·55·2510

再春館製薬所
0120·44·4444

三省製薬
0120·84·7447

ジェイ・シー・ビー・ジャパン
☎03·5786·2171

シロク
0120·15·0508

SISIカスタマーサポート
☎03·6555·4575

シスレージャパン
www.sisley-paris.com

SHISEIDOお客さま窓口
0120·58·7289

シロ カスタマーサポート（SHIRO）
✉info@shiro-shiro.jp

資生堂お客様窓口
0120·81·4710

資生堂薬品お客さま窓口
☎03·3573·6673

シュウ ウエムラお客様相談室
0120·69·4666

シン ピュルテ
0120·46·5952

THREE
0120·89·8003

Celvoke
☎03·5774·5565

タ

第一三共ヘルスケアお客様相談室
0120·33·7336

TAISHO BEAUTY ONLINE
お客様相談センター
0120·16·0901

タカミお客様相談室
0120·29·1714

タッチャ ジャパン カスタマーラブ
（お客様相談室）
0120·30·2311

ちふれ化粧品 愛用者室
0120·14·7420

DHC
0120·33·3906

ドクターケイ
0120·68·1217

ドクターシーラボ
0120·37·1217

ドクター津田コスメラボ
0120·55·5233

ドクターフィル コスメティクス
0120·16·6051

ドランクエレファント サポートセンター
0120·05·0529

ナ

ナリス化粧品 お客様相談口
0120·32·4600

NEMOHAMO お客様相談室
0120·08·8808

ハ

HACCI
0120·19·1283

パルファン・クリスチャン・ディオール
☎03·3239·0618

ピープル
☎03·5774·5565

プロティア・ジャパン
https://livactive.com/contact

富士フイルム お問い合わせ先
0120·59·6221

プレミアアンチエイジング
0120·55·7020

ポーラお客様相談室
0120·11·7111

マ

マツキヨココカラ&カンパニーお客様相談室
0120·84·5533

Mitea ORGANIC
☎03·5774·5565

メディオン・リサーチ・ラボラトリーズ
0120·40·4089

メディプラス
0120·34·8748

メナード お客様相談室
0120·16·4601

メルヴィータジャポン カスタマーサービス
☎03·5210·5723

持田ヘルスケアお客様相談窓口
0120·01·5050

ヤ

ヤマサキお客様コールセンター
0120·78·8682

山田養蜂場 化粧品窓口
0120·83·2222

勇心酒造 お客さまサービスセンター
0120·73·4141

ラ

ラ・メール お客様相談室
☎0570·003·770

ランコムお客様相談室
0120·48·3666

ロート製薬
☎06·6758·1272

ロート製薬オバジコール
☎03·5442·6098

ロート製薬 通販事業部
0120·88·0610

ワ

Waphyto
✉info@waphyto.com

おわりに

　化粧品業界に入って半世紀。その間さまざまな変化がありましたが、一番大きいのは情報発信のありかたではないでしょうか。

　メーカーからの広告情報だけだった時代から雑誌などメディアによる発信に、そしていまやSNSや各種動画配信サイトからの発信が主流になっています。

　これらの情報が誤っているというつもりは毛頭ありません。しかし、一般消費者を惑わせるものが多く、もっとわかりやすく有益な情報を届けられないものかと思っておりました。本書で監修の機会をいただいたのは、そうした折でした。

　本書では、なにより一般の方々にとってわかりやすい情報発信を心がけたつもりです。そのために、予想以上の労力を要しましたが、満足のいく1冊になったと自負しております。

　今回の出版に至るまで多くの方々のお力をいただきました。ナツメ出版企画株式会社の梅津愛美さん、株式会社テンカウントの成田すず江さん、ライターの堀田康子さん、大きな力を貸してくれたZeroGravity株式会社の竹岡篤史さんとスタッフの皆さん、そしていつも私のサポートをしてくれる遠藤淳子さんに感謝いたします。

　この本が読者のみなさんの美肌人生のお役に立てることを願っております。

ビューティサイエンティスト
岡部 美代治

監修 岡部美代治（おかべ みよじ）

ビューティサイエンティスト

大手化粧品メーカーで商品開発・マーケティングなどを担当し、多くのヒット作を手掛けた後、独立。現在は美容コンサルタントとして活動している。商品開発アドバイス、美容教育アドバイスなどを行う他、講演・セミナー、雑誌取材など、多くのメディアで活躍中。化粧品の基礎から製品化までを研究してきた多くの経験をもとに、スキンケアを中心とした美容全般をわかりやすく解説し、正しい美容情報を発信している。
http://www.beautysci.jp

STAFF

本文デザイン/田中公子（tenten graphics）
本文イラスト/みやしたゆみ、コヤタカズミ、岡部美代治
ライター/堀田康子
校正協力/鈴木昌洋、ZeroGravity株式会社
編集協力/成田すず江（株式会社テンカウント）、成田泉（有限会社ラップ）、遠藤淳子
編集担当/梅津愛美（ナツメ出版企画株式会社）

正しく知る（ただ し）・賢く選ぶ（かしこ えら）

美容成分大全（び よう せい ぶん たい ぜん）

2023年8月4日　初版発行
2024年3月10日　第2刷発行

監修者　岡部美代治（おかべ みよじ）　Okabe Miyoji,2023
発行者　田村正隆
発行所　株式会社ナツメ社
　　　　東京都千代田区神田神保町1-52　ナツメ社ビル1F（〒101-0051）
　　　　電話 03-3291-1257（代表）　FAX 03-3291-5761
　　　　振替 00130-1-58661
制　作　ナツメ出版企画株式会社
　　　　東京都千代田区神田神保町1-52　ナツメ社ビル3F（〒101-0051）
　　　　電話 03-3295-3921（代表）
印刷所　広研印刷株式会社

ISBN978-4-8163-7423-4　Printed in Japan

本書に関するお問い合わせは、書名・発行日・該当ページを明記の上、
下記のいずれかの方法にてお送りください。電話でのお問い合わせはお受けしておりません。
● ナツメ社webサイトの問い合わせフォーム　https://www.natsume.co.jp/contact
● FAX（03-3291-1305）
● 郵送（上記、ナツメ出版企画株式会社宛て）
なお、回答までに日にちをいただく場合があります。
正誤のお問い合わせ以外の書籍内容に関する解説・個別の相談は行っておりません。
あらかじめご了承ください。

ナツメ社Webサイト
https://www.natsume.co.jp
書籍の最新情報（正誤情報を含む）は
ナツメ社Webサイトをご覧ください。